江西理工大学优秀博士论文文库

RESEARCH ON THE COLLABORATIVE GOVERNANCE OF
LAND AND SEA ENVIRONMENT IN THE COORDINATED
DEVELOPMENT OF REGIONAL ECONOMY

区域经济协调发展中的
陆海环境统筹治理研究

钟昌标 葛浩然 ◎ 著

中国财经出版传媒集团
经济科学出版社
Economic Science Press

图书在版编目（CIP）数据

区域经济协调发展中的陆海环境统筹治理研究／钟昌标，
葛浩然著. —北京：经济科学出版社，2020.12
ISBN 978 - 7 - 5218 - 2157 - 4

Ⅰ.①区⋯ Ⅱ.①钟⋯ ②葛⋯ Ⅲ.①海洋环境 – 环境
综合整治 – 研究 – 中国 Ⅳ.①X834

中国版本图书馆 CIP 数据核字（2020）第 241928 号

责任编辑：杨　洋　赵　岩
责任校对：刘　昕
责任印制：王世伟

区域经济协调发展中的陆海环境统筹治理研究
钟昌标　葛浩然　著
经济科学出版社出版、发行　新华书店经销
社址：北京市海淀区阜成路甲 28 号　邮编：100142
总编部电话：010 - 88191217　发行部电话：010 - 88191540
网址：www. esp. com. cn
电子邮箱：esp@ esp. com. cn
天猫网店：经济科学出版社旗舰店
网址：http://jjkxcbs. tmall. com
北京季蜂印刷有限公司印装
710 × 1000　16 开　13.25 印张　250000 字
2021 年 11 月第 1 版　2021 年 11 月第 1 次印刷
ISBN 978 - 7 - 5218 - 2157 - 4　定价：52.00 元
（图书出现印装问题，本社负责调换。电话：010 - 88191510）
（版权所有　翻印必究　举报电话：010 - 88191586
电子邮箱：dbts@ esp. com. cn）

目 录 CONTENTS

第一章 陆海环境统筹治理相关概念与理论

1

第一节 陆海环境统筹治理的背景

党的十八大把生态文明建设纳入中国特色社会主义事业总体布局，正式拓展为经济建设、政治建设、文化建设、社会建设、生态文明建设"五位一体"。党的十九届四中全会审议通过的《中共中央关于坚持和完善中国特色社会主义制度、推进国家治理体系和治理能力现代化若干重大问题的决定》阐明了我国国家制度和国家治理体系 13 个方面的显著优势。这些治理优势不仅是中国特色社会主义道路的坚定依据，也解释了我国为什么对于以环境建设为主导的生态文明十分重视。其实早在 2018 年 5 月 18 日召开的全国生态环境保护大会上，习近平总书记便强调："要充分发挥党的领导和我国社会主义制度能够集中力量办大事的政治优势，充分利用改革开放 40 年来积累的坚实物质基础，加大力度推进生态文明建设、解决生态环境问题，坚决打好污染防治攻坚战，推动我国生态文明建设迈上新台阶"①。在生态文明的建设深化中，"绿水青山就是金

---

① 习近平出席全国生态环境保护大会并发表重要讲话［Z］. 中国政府网，2018 - 5 - 19.

山银山"思想不断深入人心并快速推广，其内涵丰富、思想深刻、生动形象、意境深远，是习近平总书记生态文明思想的标志性观点和代表性论断，不断指引我国生态经济改革向纵深前进。

海洋凭借占据地球70%的地表空间，成为人类文明的主要起源地和生产生活资源的重要供应源，人类在不断探索与环境相处模式的过程中与海洋环境的关系更加密切，一方面，陆域环境资源在人类产业体系中支撑作用不足以满足其生产需求，另一方面，人类对于空间的整合需求使生产生活向海洋转移，因此人类开启了向海洋进军的步伐。

中国是典型的海洋大国，拥有约1.8万千米的海岸线和300万平方千米的海洋国土，现探明超过500平方米的海岛超过7300个，生物种类超过2万种，已探明的天然气和石油储备量达到240亿吨和16万亿立方米，除此之外，海洋作为我国对外开放的主导方向，代表了外来先进技术和优势资本的承载空间，因此对于海洋的需求和开发能力也在不断提升。改革开放以来，在市场化、全球化和地方化等转型力量的影响下，2018年沿海十一个省份凭借海洋优势建立起全国领先的产业和人口集聚空间，国内生产总值占据全国的比重约为55%，人口比重超过40%，远高于陆域13%的空间比重，其中海洋经济的贡献率达16.8%，海洋在国民经济与社会发展中的作用日益凸显[①]。

虽然海洋经济取得了骄人成就，支撑起沿海地区经济与社会的较快发展，但其发展背后是陆海间结构性和层次性矛盾更加突出，如陆域开发的逐渐饱和使各地将空间扩展转移至海洋，给环境容纳和生态涵养功能造成威胁；陆域生产生活的规模需求使海洋资源过度被开发，造成海洋功能衰退；陆海开发对于资金、技术等稀缺性资源的争夺使产业链和价值链整合滞后，造成要素配置低效；海洋国土开发过度集中于临岸的滩涂和浅海地带，深海开发远低于其效用潜力；各地涉海产业过度集中

---

① 中华人民共和国自然资源部. 中国海洋经济统计年鉴2019 [M]. 北京：海洋出版社，12 - 31.

于低端产能，且地方性产能重叠严重，造成资源环境浪费。

长久以来由于缺乏陆海公平开发和管理的经验，使得陆源污染成为海洋污染的主要源头，包括河水流动、土地渗透、大气环流、雨水偏移等多种途径均会将陆地污染物排向海洋，根据国家海洋局发布的《2018年中国海洋生态环境状况公报》中指出，虽然近年来我国海洋环境状况呈现稳中向好的趋势，但是重点区域的污染仍较为严重，其中尤以入海河口和海湾区域仍是海洋污染的重灾区，在 44 个面积较大（大于 100 平方千米）的海湾中，仍有 16 个存在劣四类水质的现象，其中主要污染物为无机氮和磷酸盐，而其正是陆域生产生活的主要污染排放物。出现富营养化现象的海域仍达到 56680 平方米，主要集中于长三角的长江口和杭州湾、京津冀地区的辽东湾和渤海湾、珠三角的珠江口，其空间分布与我国人口与经济集聚的海岸区域较为拟合，长期的海洋污染也给海洋生物多样性造成巨大威胁，在监测的 21 个重点海洋生态系统中，在列的河口和海湾都处于不健康或亚健康状态。

为了应对陆海不协调导致的海洋环境问题，我国高度重视海洋环境保护工作，并将陆海统筹治理作为解决海洋环境问题的重要方向。党的十九大明确提出"绿水青山就是金山银山"①，并要求"实施流域环境和近岸海域综合治理"②。与此同时，我国也在不同层面对陆海统筹环境治理任务进行了详细说明，《中华人民共和国海洋环境保护法》指出，要有效遏制近岸海域环境质量恶化趋势；《中共中央 国务院关于加快推进生态文明建设的意见》中指出要"严格控制陆源污染物排放总量，建立并实施重点海域排污总量控制制度"；中央政治局常务委员会审议通过的《水污染防治行动计划》（以下简称《水十条》）也将重点海域排污总量控制制度作为污染治理的重点；2020 年编制的《全国海洋生态环境保护"十四五"规划》更是突出体现了国家队海洋环境治理的决心。

---

① 【迎接党的十九大】绿水青山就是金山银山 社会主义生态文明迈入新阶段［EB/OL］.中国经济网. 2017 - 9 - 13.

② 习近平指出，加快生态文明体制改革，建设美丽中国［EB/OL］. 人民网. 2017 - 10 - 18.

陆地和海洋作为人类生存发展的两大主要空间载体，在互相胁迫和合作的同时也影响着人类经济社会发展方式，陆海生态经济系统的协调不仅决定了人类生产生活空间是否稳定，而且也进一步决定了人类进步演化方向。长期以来，人类不可持续的海洋开发使自身发展受到了严峻挑战，而片面的海洋环境末端治理获得的也只是低效回报，如何以兼顾公平与效率的思想统筹实现陆地和海洋在经济功能和环境功能的有机统一，实现陆海环境统筹治理，是我们今后发展面临的一项重点任务。

第二节　陆海统筹内涵与思路

陆海统筹系统的"陆"表示在国家主权范围内的陆地空间国土；而"海"涵盖了国家具有的全部主权的领海与内海，以及国家具有自主权力的岛屿海礁，除此之外，还包括具有独立主权和专属管辖权的专属经济区和大陆架。

所谓陆海统筹，指的是在使用和开发陆域国土和海洋国土过程中，能够实现二者在资源整合、经济提升、环境治理、生态维护等方面的协调同步。具体而言，陆海统筹是指从陆海兼备的国情出发，要以绿色发展为引领，在巩固完善陆域系统在经济社会发展中的支撑作用的基础上，进一步提高海洋在国家发展战略全局中的引导和支撑作用，尤其是通过整合比较优势发挥海洋在资源供给、经济合作中的积极作用，促进海陆两大系统的优势互补和协调发展[①]。陆海统筹的战略内涵与思路集中体现为三个方面。

一、优化陆海布局，推动产业结构升级

陆地与海洋作为地球系统的两大空间要素，从人类起源开始便支撑

---

① 曹忠祥，高国力. 我国陆海统筹发展的战略内涵、思路与对策 [J]. 中国软科学，2015 (2)：1-12.

起生产生活过程中的物质资源和环境资源，是各国安全的重要载体，在国家发展战略中理应被同等看待，但是我国长时间的经济建设均是遵循资源规模驱动下的粗放发展方式，致使陆海经济的发展效率和发展方式存在诸多差距①。因此，陆海统筹战略应该着重从提升陆海国土空间开发中的经济布局结构和布局效率入手，进一步提升海洋国土对于整体空间开发能力的支撑能力，尤其是在石油天然气等资源开采等领域要着重发力，使其在经济发展需求中起到更好的作用，要通过海洋经济发展方式的转变来提升海洋产业结构向高等级演化，并以此提高海洋经济的参与性和竞争力，要发挥陆域产业对于海洋产业升级的支撑能力，以及海洋产业对陆域产业升级的引导能力，重点提升海岸带区域整体的产业质量。

二、加快海洋开发，实现海陆战略地位平等

陆地与海洋是我国经济社会发展的重要物质来源，两者具有同等重要的位置，但是由于不同发展时期基于国家安全考虑，国家对于经济建设和社会提升的重点任务不尽相同，在此过程中对于海洋作用的认知也存在较大差异，对陆海的重视程度也会有所差异。针对现阶段我国海洋战略地位不高、海洋发展滞后的现实情况，必须注重建设海洋文明，切实提升社会大众对海洋的认知水平，将海洋开发作为国家国土开发的重要组成部分，逐步将国土资源开发战略重点转移到海洋国土的开发上来，促进海洋大开发和海洋经济大发展，不断提高海洋在国家发展战略中的地位②。

---

① 纪玉俊. 资源环境约束、制度创新与海洋产业可持续发展——基于海洋经济管理体制和海洋生态补偿机制的分析 [J]. 中国渔业经济, 2014, 32 (4): 20 - 27.
② 高乐华, 高强, 史磊. 我国海洋生态经济系统协调发展模式研究 [J]. 生态经济, 2014 (2): 105 - 110, 130.

三、以沿海地区为重点，促进陆海一体化发展

从短期来看，开发海洋资源成本高、风险大，但从长期来看，陆海统筹是陆海两种生态经济系统相互作用下的必然结果。我国经济社会发展空间不均衡，沿海地区经济发展水平高，发展速度较快，长三角、珠三角等经济带是我国区域发展的核心地带，承载着国家发展战略的重担①。同时，特殊的地理位置又决定了沿海地区是海陆之间的重要载体，能够为海洋开发提供重要保障，在陆海统筹发展中具有举足轻重的地位。因此，要充分发挥沿海地区在引领海洋开发和内陆地区发展中的核心作用。同时，要强调优化海域开发布局，强化陆海交通基础设施的互联互通，实施陆海生态环境的统一治理，加快海洋开发进程。

第三节　陆海环境经济系统

近年来，海洋在驱动我国整体经济提升尤其是临海省市经济社会快速集聚的同时，也面临来自陆域生产生活系统和自身经济建设造成的环境压力，尤其是河口、海湾等近岸局部海域污染严重，海洋生态环境恶化趋势尚未得到根本遏制。海岸带生态资源的更新能力严重弱化，海洋资源环境对于国家区域经济建设的束缚凸显，海洋生物多样性退化严重，海洋生态安全和系统功能威胁较大。在对海洋环境污染与生态损坏的原因进行分析后发现，若单纯地从海洋生产的角度解决海洋污染防护问题将得到事倍功半的效果，更应该充分尊重地球生态系统整体性和动态性的运行规律，实施经济发展与环境保护在陆海两层面的双向联动和统筹保护，才能从根本上有效解决海洋环境污染与生态破坏的问题。因此陆

---

① 曹可. 海陆统筹思想的演进及其内涵探讨 [J]. 国土与自然资源研究，2012(5)：50-51.

海环境经济系统可以作为海洋环境治理的主要平台，在坚持治理海洋环境的过程中只有统筹考虑陆域与海域空间的污染源和污染方式，才能达成理想效果。

陆海环境经济系统是将陆地系统和海洋系统作为有机整体，涵盖了系统的生态功能、经济功能、生物功能、社会服务功能及空间流动功能，不仅要做到陆域与海域的协调开发和管理，实现生态与环境的优势互补，而且要促进系统整体的经济发展与环境保护之间达成公平与效率目标，因此陆海环境经济系统的最终解决方案为陆海统筹。

陆海环境经济系统统筹的最终目标是将海域与陆域环境质量相衔接，形成有机决策和治理体系。在系统中，沿海地区是陆海系统相互耦合的复合地带，陆海经济快速健康发展的内在要求是陆海协调良好的生存环境①。陆地是海洋污染的主要来源地，主要原因是沿海地区工业发达，会导致大量的"三废"排入海洋，因此要加强对海洋污染的协调治理，突出对近岸海域环境的治理。陆域与海域开发中环境质量的相互连接，要求将海岸带污染治理逐步上溯到对污染产生的全过程的监控和治理，注重对沿海地区环境污染的治理，并将陆地污染与海域环境质量标准有机统一起来。同时，要加强海洋自净能力的调查，从而为控制陆域排海污染物总量及海洋管理提供科学依据。与此同时，要注重标本兼治，形成陆域到海洋环境保护与污染治理的一体化决策系统，实现海洋生态系统的良性循环。

海陆生态系统经济统筹发展机制主要包括：作用机制、调节机制和保障机制。作用机制中：长期"重陆轻海"的经济发展，使得陆域诸多产业的发展进入了成熟阶段，但过度的资源空间的开发利用，导致陆域承受了过大的人口资源环境压力。在此种情况下，必须将发展目光投入到占地球表面积71%的海洋，科技成果在海洋经济领域的广泛应用，使

---

① 高强，高乐华. 海洋生态经济协调发展研究综述 [J]. 海洋环境科学，2012（2）：289 - 294.

更多海洋资源的开发利用及生产加工趋向"陆地化",双向的产业互动促进了陆海各种生产要素和能量有效配置;在调节机制中,一方面,价格信号引导生产和消费,实现稀缺资源的优化配置,另一方面,为了弥补市场失灵,可以通过行政手段配置资源,两种机制共同作用于海陆区域复合系统,形成二元调控机制;在保障机制方面,应当加快陆海统一规划编制,强化宏观引导与管制;推动制度创新,凝聚陆海统筹发展合力,进一步推动综合管理体制改革与创新;实施创新驱动发展战略,加快陆域相关科技成果转向海洋领域,大力发展海洋科技;加大政策支持力度,建立陆海统筹发展示范区。

陆域经济与海洋经济是陆海环境经济系统的两大组成部分,陆域经济率先得到发展,海洋经济是陆域经济的延伸①。利用陆海系统的互补性,相互的影响和制约,实现经济、社会和生态三系统均衡综合发展;同时 3 个子系统内部应当建立合理的经济结构,开发生态系统资源的同时要平衡资源开发与生态自净能力之间的关系。在整个经济系统中,陆域经济是相对于海洋经济而言的,尤其是相对于海洋这个特殊的经济空间而言的,是以陆域为主要的经济发展载体的经济系统。同样,海洋经济也是相对陆域经济而言的,主要指依托海洋为载体的经济系统,根据国际上定义,海洋经济活动是指在海洋及其空间进行的一切经济性开发活动和直接利用海洋资源进行生产加工及为海洋开发、利用、保护、服务而形成的经济活动。海洋产业是海洋经济的构成主体和基础,是海洋经济得以存在和发展的基本前提条件,它的发展是评判海洋经济发展的一个重要指标②。对于海洋产业的定义很多,依据国际规定,海洋产业的定义为:海洋产业是指人类利用海洋资源和海洋空间进行的各类生产与服务活动。中国海洋统计年鉴中关于海洋经济部分的统计,仅对海洋三

---

① 高乐华,高强. 海洋生态经济系统界定与构成研究 [J]. 生态经济, 2012 (2): 62 – 66.

② 孙吉亭,赵玉杰. 我国海洋经济发展中的海陆统筹机制 [J]. 广东社会科学, 2011 (5): 41 – 47.

次产业、主要海洋产业进行了完整序列的统计，主要包括：海洋渔业、海洋油气业、海洋矿业、海洋盐业、海洋化工业、海洋生物医药业、海洋船舶工业、海洋工程建筑、海水利用与海洋电力、海洋交通运输、滨海旅游业。

第四节　海洋的生态功能与经济功能

一、海洋的生态功能

从海洋的自循环来看，可以将其看作一个开放式的生态系统，内部又包括了不同功能不同层级的子生态系统，且每一项子系统都占据其固有空间，其运行依靠系统内部微观生物和非生物的能量流动和物质交换，最终构成与自身演进方向一致的生态结构。根据海洋的区位，可以将其生态系统分为大洋生态系统、上升流生态系统和沿海生态系统等；按照生态系统中的主要生物种类，可以将其分为珊瑚礁生态系统、藻类生态系统和树林生态系统等。

海洋的生态功能异常丰富，最为直观的作用是对于来自陆地的污染物进行净化，陆地的水循环均会通过径流和雨水流向大海，大海在容纳来自河川径流的营养物的同时也要接受其携带的大量有害物质，除此之外，人类生产生活中的固态和水体垃圾均会直接进入大海，包括人类排放的有害气体也会通过酸雨降至大海，海洋几乎容纳了地球上所有的污染。并通过生态运动，对污染物进行降解、转化、转移、沉积，从而净化了地球陆地环境。

海洋的生态功能还包含了供给功能、调节功能、文化功能和支持功能等，其中供给功能是指在人类开发海洋过程中，能够从中获取包括海洋食品、生产原料以及生物基因等在内的多种原料，此类原料一方面直接被人类消耗，绝大多数会通过食品加工、基因提取、材料生产等进入高端生产环节，并提供给人类生存所必需的营养和材料。

调节功能是从海洋系统对于人类生产生活环境的调整和再造能力，主要涉及宏观气候的调节、微观气体的调节、废弃物的处理、生物多样性的控制以及干扰调节等作用。

文化调节主要是从海洋的非物质价值进行界定，包括人类从海洋系统的生态景观中获取的精神放松、知识增长、主观印象、娱乐消遣和美学体会等，人类通过参与海洋生态的旅游开发、科研展示、文化填充来提升海洋的文化功能①。

支持功能是海洋系统中生态属性的物质功能和调节功能能够稳定可持续的保障，主要是通过系统内部的物质循环、能量流动、生物群落保持及生产原料更新来实现。

海洋的生态功能能够为人类提供丰富且富有价值的服务，但在人类使用其生态功能过程中，由于使用方式和强度不当，可能会对其服务功能和服务价值产生损害和削减。尤其是在资源约束趋近、环境污染趋重、生态系统趋弱的多重矛盾下，科学评估并有效使用海洋各项生态服务价值，将更有利于加强对其开发和维护，确保其为人类的生存发展提供长久动力和高质量服务。

二、海洋的经济功能

与海洋的生态功能相对应，经济功能是指人类开发与利用海洋过程中获得的产业发展和社会收益，包括保护海洋所获得的经济收益。主要包含依赖于开发海洋空间和开采海洋资源所进行的生产活动，主要包括海洋渔业、海洋船舶工业、海盐业、海洋油气开发业、海洋交通运输业、滨海旅游业等产业，在如今的发展阶段以现代海洋经济为主要经济形势。

---

① 郭嘉良、王洪礼、李怀宇、冯剑丰．海洋生态经济健康评价系统研究［J］．海洋技术，2007（2）：28－30．

通常认为不同发展阶段的各类海洋资源开发活动决定了当期的海洋产业形态，包括过去的海洋渔业、海洋交通运输业和海盐业；也包括近现代依靠技术进步所衍生的新兴海洋产业，包括海水增养殖业、海洋油气工业、海水直接利用业、滨海旅游娱乐业、海洋医药和食品工业等；此外还包括一些仍处在技术储备期的能够主导未来海洋产业发展的培育产业。如海洋能源开发、深海采矿业、海洋生物培育、海洋信息产业、海水综合管理等。

海洋作为人类在地球上生产生活的资源供给地和潜力空间，已经吸引各国将国家经济战略更多地面向海洋，甚至部分发达国家将空间开发从外太空重新回归海洋，人类的社会供给结构也在试图从海洋获取更多服务可能，现如今支撑世界经济体系的前四位涉海产业——海洋石油工业、滨海旅游业、现代海洋渔业和海洋交通运输业均主导了世界经济格局，海洋也将成为沿海国家参与国际竞争特别是下一轮经济合作与竞争的重点，包括了高端技术引领下的经济合作与竞争。世界范围内的海洋产业在经历了从资源驱动型到技术驱动和资金驱动型的产业转型之后，正在并将继续成为引领全球经济前进的主要动力。

三、经济发展与环境治理之间的关系

长久以来各国学者和官员均有关注经济发展与环境保护之间的关系。而两者不协调的根源是未解决好人和自然的关系，若想改善经济发展中环境问题，其本质就是要转变人与自然、人与人、经济发展与环境保护之间关系的发展方式问题。努力建立人与自然和谐相处的现代文明，是经济发展与环境保护这一矛盾运动和对立统一规律的客观反映①。经济的快速增长造成对环境的过度威胁，反之，环境的持续恶化也拖累着经济

---

① 曹志斌. 生态经济系统平衡再造的重要手段——生物工程 [J]. 宁夏大学学报（自然科学版），1989 (2)：64-68.

的发展。二者在耦合和拮抗中构成了环境经济统一系统。

环境经济系统演化的最优路径就是经济与环境的协调发展。协调的实质为"和谐一致,配合得当",一个系统若想达到在均衡中支撑整合系统功能的可持续提升,必须协调各个元素间的互促关系,通过合理的投入和收益分配以获得最佳的效果。对经济与环境协调关系的探讨,盛行于经济增长乏力与环境问题凸显的工业时期,旨在发现区域经济与环境之间是否相互促进、公平提升,还是相互抑制、拮抗退步,以及研究未来发展的方向如何;二者矛盾是否能够通过一定手段缓和,并进一步为区域经济的可持续发展提供理论和实证参考。

关于区域经济与环境协调性的研究认为,经济与环境的协调表现出一定的时空异质性和发展动态性。由于发达国家与发展中国家处于不同的发展阶段,因而对经济发展要求的紧迫性及环境对人类生产生活的影响标准认知不同,对协调性的要求也随着该国的经济发展方式和资源需求结构改变而不断变化。从认为环境对经济增长没有制约的初期乐观感知到增长极限的悲观感知,到最后认为经济与环境可达到协调促进的理性感知,相关研究都在围绕经济增长与环境是否可协调进行论述和验证,也在经济环境的提升中不断完善观点,但其本质仍是研究经济是否能够达到可持续的提升。

与协调性的动态变化相对应,区域环境质量的好转或恶化是一个动态演化的过程,因此学者对于二者协调度的评估也只是基于上一阶段区域资源环境发展矛盾基础上的矛盾倾斜。因此,关于经济增长与环境保护关系的评价均具有一定的滞后性,此时认为对于生态环境治理的最好结果是达到了对上一阶段不协调状态的优化提升[1],而忽略了在不同经济发展阶段二者协调性的内涵差异。尤其是对当期影响二者协调性的最主要矛盾点进行评价,即对于经济发展处于初级阶段的地区,若采取统一

---

① 刘大安. 论我国海洋渔业生态经济系统的良性循环 [J]. 农业经济问题, 1984 (8): 12 – 15.

的评价标准，虽然两者均未达成充分发展潜力，但经济与环境的协调度可能反映出较高的评价数值，或评估结果认为两者仍处于初协调阶段。但不能说明经济与环境的关系促进了经济的可持续发展。因为在发展初期经济与环境可能会达到自身系统潜力的最优，但是抛弃了二者互动所能形成的价值提升。而在经济发展中期，最优的状态则可能是以损害一方利益为代价，此时很难以传统方法评价是否协调。因此以经典库兹涅兹曲线的观点，协调度的变化曲线更应顺应"U"型规律，曲线的转折点多出现在工业化后期，此特征在世界发达国家的发展过程中均得以印证。

第二章

我国近海区域污染治理现状及问题

2

第一节 我国近海区域社会经济及涉海产业状况

一、我国近海区域经济发展状态

21 世纪作为海洋的时代，其对全球经济的支撑作用迅速增大。尤其是近十年，随着人类在海洋中获取资源的技术条件和市场氛围逐渐完善，海洋经济扮演着越来越重要的角色。通过经济合作与发展组织（Organization for Economic Cooperation and Development，OECD）编制的《海洋经济 2030》给出的结论，2010 年全球海洋经济的价值已经接近了世界经济总增加值的 2.5%，预计到 2030 年，海洋经济对世界经济的贡献率更将实现翻番。

海岸带地区凭借其区位优势和站在改革开放的潮头，抢抓发展机遇，率先实现发展，成为经济持续快速增长的"龙头"。沿海地区有 11 个省区市，自北向南包括辽宁、天津、河北、山东、上海、江苏、浙江、福建、广东、广西和海南。沿海地区的地区生产总值（GDP）领跑全国，于 2005 年首次突破 10 万亿元,并于 2016 年突破 40 万亿元关口,2017 年达到 46.6 万亿元,占国内生产总值的 56.3%。近 10 多年来,沿海地区的 GDP 占全国 GDP 比重一直保持在 60% 左右,支撑着国民经济的半壁江山[①]。

从各省份来看,广东省连续 30 年位居全国首位,高达 97277.77 亿元(见表 2-1),江苏、山东、浙江紧随其后,位居全国前四位。反映了沿海经济的突出地位和强大实力。

表 2-1 2018 年沿海地区生产总值及排名

地区	地区生产总值(亿元)	全国排名	沿海地区排名
广东	97277.77	1	1
江苏	92595.40	2	2
山东	76469.67	3	3
浙江	56197.15	4	4
河北	36010.27	9	5
福建	35804.04	10	6
上海	32679.87	11	7
辽宁	25315.35	14	8
广西	20352.51	18	9
天津	18809.64	19	10
海南	4832.05	28	11

资料来源:《中国统计年鉴 2019》。

同时沿海地区的人均 GDP 接近高收入国家水平,2017 年沿海地区人均生产总值约 11186 美元,接近世界银行定义的高收入国家 12736 美元的门槛。并且沿海地区产业结构日趋优化,服务业已经成为经济增长的主要驱动力,与工业一起共同支撑沿海地区经济发展。党的十八大以来,随着我国经济发展步入新常态,海洋经济呈现稳步上升的发展态势,根据《中国海洋经济统计公报 2017》,2017 年沿海地区海洋生产总值达到 7.8 万亿元,占国内生产总值的 9.4%。

---

① 资料来源:《中国统计年鉴 2019》。

我国作为世界海洋大国，海洋经济已经成为拉动国民经济的新引擎，根据国家自然资源部在 2008～2017 年发布的《中国海洋经济统计公报》，2008～2017 年，我国海洋生产总值由 29718 亿元增长至 77611 亿元，占国内生产总值比重达到 9.4%。2018 年海洋经济继续保持平稳增长，全国海洋生产总值 83415 亿元，较上年增长 6.7%，总量再上新台阶。其中，海洋第一产业增加值 3640 亿元，第二产业增加值 30858 亿元，第三产业增加值 48916 亿元，三大产业增加值占海洋生产总值的比重分别为 4.4%、37.0% 和 58.6%，由原来单以农业开发为主转变为第三、第二、第一产业同步发展的经济局面，产业结构不断优化，新兴产业和新业态快速成长，持续发挥海洋经济的"引擎"作用，推动国民经济高质量发展。根据国家海洋信息中心发布的《中国海洋经济发展指数》，2018 年全国涉海就业人员 3684 万人，对于人口的容纳能力逐渐凸显。

从海洋经济的空间分布来看，2018 年，北部海洋经济圈海洋生产总值 26219 亿元，比上年名义增长 7.0%，占全国海洋生产总值的比重为 31.4%；东部海洋经济圈海洋生产总值 24261 亿元，比上年名义增长 8.0%，占全国海洋生产总值的比重为 29.1%；南部海洋经济圈海洋生产总值 32934 亿元，比上年名义增长 10.6%，占全国海洋生产总值的比重为 39.5%[1]。

二、我国近海区域涉海产业状况

海洋能够提供人类产业整合需要的各项资源，也能够帮助产品更好地走向世界市场，因此从古代海上丝绸之路到现代的"一带一路"倡议，均体现了我国产业过程对海洋的合作与开发需求。此外，随着海洋经济不断壮大，涉海产业不断深化和细化，对于海洋新兴产业的培育和壮大

---

① 资料来源：《2018 年中国海洋经济统计公报》。

起到了重要支撑作用，也带动了海洋产业的研究领域进一步扩展①。

中华人民共和国成立 70 多年来，中国的海洋经济在涉海产业的推动下不断壮大。通过对比 2017～2018 年《中国海洋经济统计公报》和 2018～2019 年《中国海洋经济统计年鉴》，作为海洋经济发展支柱产业的滨海旅游业、海洋运输业和海洋渔业成果最为显著，分别占主要海洋产业增加值的 47.8%、19.4% 和 14.3%。同时，海洋生物医药、海洋电力等新兴产业份额也在不断提升，分别增长 9.6% 和 12.8%。

我国涉海产业众多，在市场调控和资源环境限制下，不同产业的演化历程顺应经济发展方式的转变也千差万别，当前我国正处于产业高质量发展的转型期，各类海洋产业的贡献能力也在顺势调整，2018 年主要海洋产业发展情况如下：

海洋渔业作为与海洋相关的最基础产业，受到长期不可持续开采的影响，其捕捞能力在不断下降，虽然近年来通过一系列禁渔措施使近海渔业资源得以恢复，但总体捕捞难度仍在加大，2018 年全年增加值 4801 亿元，较 2017 年下降 0.2%。②

海洋油气业方面，由于长期以来海上开采技术较为滞后，使石油天然气的开采能力远低于其可开发潜力，随着国内天然气需求强势增长，深海技术更加完备，海洋天然气产量达到 154 亿立方米的新高，较 2017 年增长 10.2%；海洋原油产量 4807 万吨，较 2017 年下降 1.6%。全年海洋油气工业增加值实现 1477 亿元，较 2017 年增长 3.3%③。

海洋采矿业发展比较稳定，近年来由于国际市场对于矿石需求的萎靡，使得以外贸为主导的采矿市场逐步转向国内，一系列调控措施使得总体的供需市场仍保持稳定，2018 年海洋采矿业增加值为 71 亿元，较上年增长 0.5%④。

---

① 姜秉国，韩立民．海洋战略性新兴产业的概念内涵与发展趋势分析 [J]．太平洋学报，2011，19（5）：76–82.

② 鹿叔锌．捕捞生产可持续发展的制约因素与对策研究 [J]．海洋渔业，1998（1）：5–7.

③④ 资料来源：中华人民共和国自然资源部网站。

海盐产量持续下降，海盐作为工业生产的基本原料和人类生活的必需品，自古便是人类在海水中提取的较多的物质，且海盐的可开采潜力受海水储量支撑较为庞大，但随着井盐等其他盐产量的增加，以及人类对于盐产品不同类型需求的变化，使得海盐产量的比重逐年降低，其比重已从最高的 80% 下降到约 40%，其中食盐市场也呈现疲软状态。2018 年行业增加值为 39 亿元，比 2017 年下降了 16.6%[①]。

海洋化工发展依然稳定，生产效率也显著提高。在以供给侧改革和产能更新为主导的转型阶段，海洋化工是涉海产业中最为直观的产业部门，在经历短时阵痛期后，海洋化工已摆脱传统路径依赖，2018 年重点监测的规模以上海洋化工企业利润总额比 2017 年增长 38.0%，年增加值 1119 亿元，比 2017 年增长了 3.1%[②]。

海洋生物医药作为涉海新兴产业，通过生物技术提取海洋生物中的有效成分，并制成生物化学药品、保健品和工程药品等，是典型的技术密集型和资本密集型产业，我国自 21 世纪以来在研发方面取得突破性进展带动了行业的快速发展，基本形成了海洋生物资源的规模化、产业化和高效化生产。2018 年产业增加值为 413 亿元，比上一年增长了 9.6%[③]。

海洋电力产业迅猛发展，海洋能属于海洋储存能量中最为清洁的可再生能源，包括了风能、太阳能和生物质能，当今世界充分挖掘海洋在能源发电方面的优势，建立起以潮汐能发电、波浪能发电、温差能发电、微生物质能发电、风能发电和海流能发电在内的多种发电形式，我国近海海洋能计算的蕴藏量可达 6.3 亿千瓦时，可代发利用的能量达到 10 亿千瓦时，自 20 世纪 70 年代开始我国便探索提升各类海洋能源的发电能力，其中以风能发电最为成熟，2018 年海上风电装机的规模继续扩大，海上电力产业发展势头正强劲。全年产业增加值为 172 亿元，比上一年增长了 12.8%[④]。

海水利用产业发展较为迅速，产业标准化、国际化的步伐逐步加快。

---

①②③　资料来源：中华人民共和国自然资源部网站。
④　蒋秋飚，鲍献文，韩雪霜. 我国海洋能研究与开发述评 [J]. 海洋开发与管理，2008，25（12）：22－29.

海水利用指以新兴技术为手段，通过各种工艺获取海水中水资源和化学资源，包括海水灌溉、工业冷却和生活用水等直接利用以及淡化利用两种方式，虽然我国海水利用的起步时间较早，但在多级闪蒸、低温多效、反渗透等关键领域的技术仍处于初级阶段，导致海水利用的层次较低，仍依赖于生产和生活市场的规模需求，2008 年产业增加值达到了 17 亿元，比 2007 年增长 7.9% [1]。

海洋船舶工业受国际航运市场需求的减弱和航运能力过剩的影响，造船完工量明显比上年减少，导致产能过剩与产业更新的矛盾日益凸显。海洋船舶工业全年增加值为 997 亿元，比上一年下降了 9.8% [2]。

海洋建筑业下行压力加大。随着涉海产业对于海洋空间的需求不断增大，以海洋为基础的交通、娱乐、生产和防护工程层出不穷，以围填海为主要形式的海洋建筑开发在经历了四次大规模扩张以后，功能结构发生了较大变化，港口交通和临港工业成为主要形式，虽然近些年对海洋建筑工程的管控力度加大，但是建设效益增加使其承载功能明显提升，产业增加值 1905 亿元，比上年下降 3.8% [3]。

自 2000 年以来，海洋运输业已取代海洋渔业成为对海洋经济贡献最大的产业，其与海洋旅游业的共同成长已成为海洋经济的主要驱动因素。随着全球航运体系趋于完善，我国海洋运输业服务能力也在稳步提升。2018 年沿海规模以上港口货物吞吐量比上年增长 4.2%，海洋运输业增加值 6522 亿元，比 2017 年增长 5.5% [4]。

滨海旅游业继续保持快速发展。我国滨海旅游资源丰富，包括自然风光、人文景观、社会体验在内的多种独特旅游形式吸引了国内外游客汇集，2018 年滨海旅游业增加值 16078 亿元，比上年增长 8.3% [5]。

从海洋产业体系可持续发展的角度来看，仍然存在更新换代慢、使用效率低、技术支撑性弱等问题。下一步，如何通过"海洋牧场"促进传

---

[1][2][3][5]　资料来源：中华人民共和国自然资源部网站。
[4]　李宜良，王震. 海洋产业结构优化升级政策研究［J］. 海洋开发与管理，2009（6）：86.

统产业的集约发展，如何通过"科学技术加强海洋"促进优质产业的增长，以"生态和谐"方式增强海洋支柱产业的经济和环境效益，以及确保海洋产业健康将成为未来中国海洋产业体系可持续发展研究的重要课题①。

第二节　我国近海生态环境状况

我国是一个海洋大国，管辖海域位于太平洋西岸，海域空间辽阔，海岸线漫长，岛屿众多，具有丰富的海洋物种和资源储备，从生物多样性、生态系统多样性和遗传多样性来看，海洋构成了我国典型的环境宝库：以18000公里海岸线为基础，中国享有主权和管辖权的内海、领海、专属经济区面积约300万平方公里，其中内水、领海面积38万平方公里，专属经济区、滨海湿地面积200多万平方公里，总面积6.93万平方公里。且有6900多个岛屿，面积超过500平方米（不包括海南岛和中国台湾地区、中国香港地区和中国澳门地区的岛屿）。这些岛屿的海岸线长达14000公里。此外海洋生物资源的规模和种类也极其庞大，其中各类海洋生物2.6万余种，浅海和滩涂鱼类3000余种，生物资源2257种②。涵盖了世界上大多数海洋生态系统类型，包括红树林、珊瑚礁、海草床、盐沼、海滩、岛屿、海湾、河口、潟湖、上升流，良好的海洋生态系统为我国社会经济的发展提供了必要的空间和要素支撑。

近年来，随着沿海区域经济和涉海产业的快速提升，沿海海洋生态系统受到严重威胁，海洋生态环境的保护引起了我国政府和公众的关注③。作为一个海洋大国，在经济快速增长、人口快速增长、城市化加

---

① 狄乾斌，韩雨汐. 熵视角下的中国海洋生态系统可持续发展能力分析［J］. 地理科学，2014（6）：664-671.
② 张曙光. 中国海洋经济地理学［M］. 南京：东南大学出版社，2015（8）：60.
③ 王泽宇，孙然，韩增林. 我国沿海地区海洋产业结构优化水平综合评价［J］. 海洋开发与管理，2014（2）：99-106.

速、陆域土地资源日益枯竭的背景下，更应关注海洋环境状况，以保证临海区域经济甚至国家经济的长期稳定。

一、我国海洋生态环境基础

海洋生态系统整体具有明显的区域性和封闭性特征，且海域内部海洋生物有许多是稀缺的本地物种，经济效用极高，这也导致海域很容易受到人类发展活动的干扰和破坏，海洋生态系统和生物多样性面临较大威胁。

渤海位于中国内海的最北端，是整体生态格局中连接三大盆地和外海的枢纽。渤海沿岸河流众多，形成了包括辽河河口、黄河河口、海河河口三大水系和莱州湾、渤海湾、辽东湾三个海湾的半封闭陆海环境系统。渤海湾浅水区营养丰富，食物生物丰富。是经济鱼类、虾蟹的产卵场、苗圃和饲养场。同时渤海湾湿地生物种类繁多，主要有芦苇、青葱、碱蓬、山前草和藻类等，另有鸟类150多种[①]。

黄海是西太平洋的边缘海之一，其入海口较多，流入黄海的主要河流有鸭绿江、大同江、汉江、淮河等。此外诸多大型河流携带泥沙和营养物质在河口堆积，形成了诸如滩涂和湿地，包括鸭绿江口湿地、黄河三角洲湿地、苏北浅滩湿地等滨海湿地生态系统均分布于此。江河入海口湿地凭借丰富的营养含量，孕育了自身独特的生物体系，包括了从浮游生物到鱼类再到鸟类资源规模均较为可观，此外，由于黄海跨越纬度较广，其中南部深水区成为黄渤海主要经济鱼类的越冬场。

东海是长江、钱塘江、闽江等河流的入海口，不仅拥有中国最大的河口生态系统——长江口生态系统，而且是中国海湾生态系统的集中地。东部海域渔业资源丰富，有800多种渔业种类，其中浅滩渔场、闽南渔场和舟山渔场均是我国著名的渔业养殖基地，其捕捞量占据我国海洋渔业总产量的50%[②]。

---

①②　张曙光. 中国海洋经济地理学 ［M］. 南京：东南大学出版社，2015：253 – 264.

南海作为中国唯一的热带海洋，是海洋生态系统类型最为多样的海域，近岸包含了有红树林、珊瑚礁、滨海湿地、海草床、岛屿、海湾等多种典型的海洋生态系统，其中红树林资源最为丰富，作为全球红树林分布中心之一，现拥有 46 种真红树林，物种多样性在世界上属最高水平。此外，南海生物物种多样性水平较为丰富，拥有 50 多种海藻，鱼、虾、蟹、软体等生物占据种类总数的 67%、80%、75% 和 76%①。在珍稀的海洋物种方面，海域内分布有中华白海豚、儒艮和绿海龟、棱皮龟、玳瑁、文昌鱼、马蹄蟹、鹦鹉螺、老虎等多种珍宝，另有半宝宝、汤冠罗、巨蚌、大珍珠母壳等珍稀濒危物种。随着我国沿海开发新战略的全面实施，海洋生态系统在维护国家生态、物种和食品安全中的作用对海洋渔业和滨海旅游业的重要性与日俱增，对海洋医药等海洋产业的健康发展起着重要作用，配套功能对抵御海平面上升、风暴潮、海啸污染事故等海洋灾害也起到关键的阻隔作用。

二、我国近海生态环境现状

改革开放以来，我国凭借着丰富的海洋资源，在海洋经济的培育和壮大上取得了巨大成就。然而，随着海洋经济的快速提升，我国海洋环境和海洋生态也遭到严重破坏，海洋环境保护任务繁重而紧迫。海洋环境问题包括两个方面：一是海洋污染，即污染物进入海洋，超过海洋的自净能力；二是海洋生态破坏，即在各种人为因素和自然因素的影响下，海洋生态环境遭到破坏。海洋污染物大多来自陆地上的生产过程。数据显示，20 世纪 90 年代，我国近海海域水质均劣于一类海水水质标准。1999 年以来，我国海洋环境保护工作取得了一定成效，海洋污染加剧趋势得到遏制。整个海域未达到清洁海水水质标准的面积由 1999 年的 20.2

---

① 张曙光. 中国海洋经济地理学 [M]. 南京：东南大学出版社，2015（8）：60.

万平方公里下降到2004年的16.9万平方公里，同比下降16.3%[1]，但我国沿海污染总体形势依然严峻。

根据国家海洋局近年来有关生态监测区的监测结果显示，我国近岸海域生态系统仍然在恶化。根据对渤海、黄海、东海、南海的调查分析，海洋生态环境恶化主要表现在以下几个方面：（1）沿海和近海大部分传统优质渔业资源枯竭，海洋生物资源严重衰退，部分珍稀物种濒临灭绝；（2）海洋资源过度开发，富营养化与营养盐失衡，生物群落结构异常；（3）河口海域产卵，严重退化，部分产卵地正在逐渐消失等[2]。除了近海地区的遭受威胁外，一些重要河口和港口的生态环境恶化更为严重，自然景观不断遭到破坏，生物多样性大大降低，诸多典型的赤潮现象频发，生态系统原有功能锐减。由于生态环境的修复功能降低，使港口淤积、航道萎缩、海岸侵蚀、风暴潮和台风灾害的影响也日趋严重。

我国已建立起完备的海洋环境监测和管控体系，2018年，全国共设海洋环境质量监测点1649个，入海河流控制断面194个，重点对部分河口底泥质量进行监测，另有典型海洋生态系统监测点21个，滨海湿地监测点24个，生物多样性监测点1705个，重要渔业水域监测点48个，并对453个生活污水日排放量100立方米以上的直接排放海洋污染源和36个海水浴场进行的重点监控，并设立89个海洋保护区[3]。与此同时，当年发布了《中华人民共和国海洋环境保护法》《渤海综合治理攻坚战行动计划》等环境整治条例，一系列管控措施使我国海洋环境有好转趋势，但是治污任务依然艰巨。

---

① 资料来源：中华人民共和国国家统计局网站。

② 高乐华，高强. 中国沿海地区生态经济系统能值分析及可持续评价［J］. 环境污染与防治，2012（8）：86–93.

③ 资料来源：《2018年中国海洋生态环境状况公报》。

三、我国海洋环境的突出问题

由于高度迁徙的物种、迅速变化的环境和复杂多样的人类活动，海岸带成为我国生态环境问题最为集中和突出的区域。"十三五"以来，海岸带地区承纳的陆源污染物入海量年均达千万吨级以上。根据《2018 年中国海洋生态环境状况公报》，统计监测的 194 个入海河流围控断面中，Ⅳ类为 52 个，占比达到 26.8%，较上年提高了 2.2 个百分点，Ⅴ类为 24 个，占比达到 12.4%，较上年上升 5.7 个百分点，劣Ⅴ类为 29 个，虽然较上年有所降低，但占比仍为 14.9%，辽东湾、渤海湾等重点海域污染状况尤为突出，海洋生态系统在部分空间的状况不容乐观。全国约 10% 的入海河流断面为劣Ⅴ类水质，约 10% 的海湾水体富营养化严重，约 42% 的海岸带区域资源环境超载。与 20 世纪 50 年代相比，我国滨海湿地面积已经累计丧失 65 万公顷，自然岸线已不足 40%，近海优质渔业资源量减少近一半，近岸典型生态系统 80% 以上处于亚健康或不健康状态。根据国家海洋局发布的《2018 年中国海洋生态环境状况公报》（以下简称《公报》）显示，我国管辖海域近岸局部海域海水环境污染严重，近岸以外海域海水质量良好。61 个沿海城市中还有 6 个城市近岸海域水质一般，9 个城市近岸海域水质为差（营口、天津、东营、南通、宁波、台州、宁德、潮州和江门），8 个城市近岸海域水质极差（盘锦、潍坊、上海、嘉兴、舟山、深圳、中山和珠海），环境不容乐观。

海岸带污染源十分复杂。由于农业使用大量的化肥和杀虫剂，导致有害物通过河流进入海岸带水域。如化工厂、钢铁厂、造船厂等工业排放的污染、港口船舶排放的污染、养殖池中药物的污染，均对海岸带的环境造成了严重影响。由于一些湾口和滩涂破坏严重、围海造地，许多经济鱼虾类产卵场和育幼场遭到破坏，溯河性鱼虾资源遭到破坏，产量大幅度下降，生物多样性遭到严重破坏，海洋资源枯竭。同时为了经济的高速发展，一些地区修建道路、堤坝、港口、酒店等设施，许多岸线被截断或改变，由于过度利用和无序开发，海岸带区域的生态严重恶化。

（一）海水污染特点显著

在经济全球化和世界经济一体化的背景下，我国加快海洋资源开发步伐，使得国民经济与社会环境得到充分改善。但与此同时，我国的海洋环境也受到了不同程度的破坏，且主要污染物与国家经济结构和区域经济发展方式呈现较强拟合，如渤海湾区域油气开发丰富，在此过程中除开采废气和废水对海洋造成污染以外，时有发生的溢油事件对海洋环境的影响更加严重，具有面积广和时间跨度大等特点。在排除大量有毒物质的同时也降低了海水的氧气更新能力，造成海洋生物受到威胁，海洋生物种类日趋减少。

与当前我国大力推行的河长制相比，海域环境责任追究管理力度仍较滞后，我国现有包括各类地域条件的海湾 60 多个，其中最为典型的当属北部湾、渤海湾、杭州湾等中大型流域级海湾，此类地域是我国填海和近海工业布局的重点载体，加之海域环流复杂，极易造成与岸线产业相对应的污染物堆积。

（二）近岸工程、养殖废水污染、河口淤积和海岸侵蚀等较为严重

改革开放以来，海洋养殖业的迅速发展带动了海洋养殖场数量不断增加，渔民的生活垃圾量也在迅速增加。这些污染物在沿岸沉积历经数十年甚至数百年的降解和消化。更严重的是渔民将未处理过的废水直接排放入海中，造成部分海域环境质量快速下降，鱼类大量死亡，造成的经济损失巨大。近岸工程和岸线开发在经历了四次建设大潮之后对于岸线功能的损害同样较为严重，原有生物涵养和水体防撞功能被弱化，海岸线被侵蚀从而失去天然屏障。内陆地区虽然未对海洋环境造成直接影响，但长期靠河生存可以使其减少污水处理投入，河流携带的大量污染物在流速放缓的河口堆积，使得周边水域的水质严重恶化。

（三）海洋赤潮灾害频发，海洋生态环境脆弱

海洋本身具有一定程度的自净能力，但随着海洋环境被破坏的日益严重，其自净能力将逐渐丧失，当原有生物无法充分吸收海中多出的营养物质时，就会爆发赤潮等海洋灾害，给人类的生产和生存带来巨大威胁。根据中国环境保护局监测的结果，锦州湾、长江口、珠江口等 6 个河口的海水水质处于不健康状态，且均为赤潮高发区域，使得生物群落结构异常，海水富营养化严重，生境丧失①。

第三节　海洋环境价值的经济分析

海洋环境是发展中国家开发海洋能源和发展海洋产业的重要基础，也是世界经济贸易往来与政治互动之间的直接联系，故具有维系国际经济繁荣和文化交流，推动沿海城市社会经济发展的重要作用。早在 2003 年 5 月，国务院发布了《全国海洋经济发展计划纲要》，要求沿海地区制定相应的地方海洋经济发展计划，以支持和促进海洋经济的快速发展，使海洋经济发展成为中国经济未来的新增长点。从那时起，中国的海洋经济就显示出快速发展的趋势。以 2009 年为例，全国主要海洋产业总产值 31964 亿元，海洋产业增加值达到 18742 亿元，占同期 GDP 的 5.59%。海洋经济在国民经济中的地位越来越重要②。

与此同时，在全球人口持续增长、陆地能源和矿产资源的储备不断下降的情况下，科学和技术发展到了可以深度利用和发展海洋的时代，海洋对于国家的经济重要性日益突出。正是由于这种认识，世界上各海洋国家将海洋的开发和利用提高到了国家发展战略的高度。海洋经济已成为国家间经济竞争新的领域和方向。中国作为海洋大国，拥有约 300 万

---

① 资料来源：《2018 年中国海洋生态环境状况公报》。
② 范金. 可持续发展下的最优经济增长［M］. 北京：经济管理出版社，2002：12 - 14.

平方公里的海洋土地，海洋资源非常丰富。由于人口众多，我国人口、环境和资源的压力均比其他大国严重得多。所以开发利用海洋、发展海洋经济，是保持持续繁荣的一种战略途径①。

但是，在发展海洋经济的同时，我国也出现了许多海洋环境问题，这些问题直接影响着人类的健康、经济生产和社会进步。为了保护海洋环境，实现可持续发展，我们必须在开发利用海洋的同时解决好海洋环境问题，全面了解和评估海洋的价值。

一、海洋经济价值内涵

经济价值源于机会成本的概念：人们愿意放弃（金钱、时间或其他资源）以换取商品、服务或其他公认的利益。经济价值的核心问题是确定商品和服务的市场价值和非市场价值。市场价值以市场上商品和服务的交易价格计量；非市场价值是指消费者在使用或享受某些环境商品和服务时（不具备市场交易条件）不会为商品和服务的附加价值支付等额的市场价格。

目前，海洋经济价值最基本定义是：对任何人而言，唯一由海洋决定或影响商品或服务成本中的部分。经济学家参考这个想法来确定海洋的"边际"价值，它是海洋提供的商品和服务所产生的附加价值，也是海洋对整个经济体系价值的贡献②。海洋的"边际"价值的定义是相对于资源的稀缺性，也就是说，资源价值是由现有资源产生的。我们应该认识到，海洋系统是一个动态的、开放的系统，在某些时空和自然条件下具有自我组织修复功能。尽管随着经济开发的增加，海洋质量的下降最终会导致其产生经济价值的能力下降。但基于可持续发展的原则下的开发会使海洋的永续利用存在可能。海洋的"边际"价值在应用中不容易

---

① 李坤厦. 海洋经济，释放蓝色潜力 [J]. 产城，2019（10）：72 – 75.
② S. C. Charles. Measurement of the Ocean and Coastal Economy. Theory and Methods [J]. Publications，2004（2）：18 – 20.

检测到，因为经济数据的收集并未用于衡量这一价值观念。相关的海洋经济统计数据，例如海洋产业的产出或劳动报酬，它衡量的是市场交易的有效性，并包括海洋的经济价值和其他价值。另外，许多经济活动直接或间接涉及海洋。例如，海洋渔业是直接利用，但海洋附近的酒店是海洋的间接利用。许多酒店顾客可能会喜欢沙滩或在海边漫步。对于这些客户，他们从这些活动中获得了额外的价值，这可以被视为"海洋的价值"。但是在沿海地区，酒店业或与之相关的行业也创造了价值。这类业务的"增加值"包括对酒店翻新的投资以及商品或服务的成本。该增加值是特定沿海地区所具有的，但如果人们在旅馆里从事不同的经济活动，那么由海洋创造的精确值就很难测量。因此，海洋的"边际"价值在理论上可能更有意义，但在应用中仍然存在一些逻辑缺陷。

以上，我们可以得出结论，"海洋经济价值"不是一个由大量纯数据衡量的单一概念，而是一个涉及多个不同标准的多维概念。广义的"海洋经济价值"还包括海洋创造的商品或服务的边际（额外）价值，并且还应涵盖海洋或沿海地区经济活动产生的价值[①]。

二、海洋环境价值评估理论

海洋环境价值的研究理论来源包括可持续发展理论、产权经济学理论与资源价值理论等，从不同的角度来理解，可概括为两方面：一是内在价值。即海洋环境资源所具有的、与其他事物区别开来的本质属性，它不依赖于评价主体的评价，是一种客观价值而非工具价值，具体包括海洋环境系统成分、结构及生态过程功能；存在价值；价值系统内部或系统之间的关系。二是外在价值。外在价值是相对于内在价值，海洋环境资源所具备的工具价值或手段价值，具体包括：供给服务、调节服务、文化服务和支持服务价值。其中具有影响力的有：可持续发展环境价值

---

① 徐质斌. 海洋经济与海洋经济科学 [J]. 海洋科学, 1995 (2): 21-23.

论、存在价值论、外部环境价值论。

（一）可持续发展环境价值论

基于经济发展与环境系统失衡之间的实际矛盾，考虑到未来环境的可用性和对未来发展应承担的义务，运用可持续发展原则评价环境的价值即为可持续发展环境价值理论。其基本内容是：改变片面追求经济增长、忽视环境保护的传统发展模式；从资源型经济向技术适用型经济转变，综合考虑经济、社会、资源和环境效益；优化产业结构，开发和应用高新技术，落实清洁生产、文明消费、资源集约利用、减少废物排放等措施，协调环境与发展关系，确保经济发展符合当代人需求的基础上，并考虑到后代的利益，最终达到经济、资源、环境、社会的可持续发展。

海洋经济是支撑沿海地区社会经济发展的物质基础之一。从系统角度来看，海洋资源的可持续利用和海洋环境系统的协调平衡是实现社会经济可持续发展的先决条件，必须坚持可持续发展原则。

（二）存在价值论

根据对于环境价值的分类的判定，当人类不考虑任何功利的意图，而只考虑由于舒适资源的存在而付出的支付意愿，即是环境的"存在价值"①。普萨克（D. Psarc）认为存在价值是事物的内在价值，它与人类无关且可以独立于人类而存在，并将其归结为非使用价值。非使用价值和存在价值的提出使人们对环境价值有了更全面的认识，这在很大程度上影响着人类的行为。从道德伦理的角度看，人们注重代际公平，效率不再是人们唯一考虑的因素。严格地说，存在价值不是一个独立的科学体系，它只是为人们提供了新的视角，让人们开始从现在和将来的角度来思考环境的价值。存在价值的计量是资源价值的重要组成部分，它打破了以个体理性和效率为核心的传统经济学的基础。海洋环境资源，特别

---

① 马中. 环境与自然资源经济学概论［M］. 北京：高等教育出版社，2006：11.

是没有人类劳动力参与的天然海洋自然资源，如原始海洋地理景观，因其使用价值而得到认可，但它们有价值吗？从商品关系的特殊关系中分离出海洋环境资源的价值，从价值哲学中阐述海洋环境资源的价值，认为价值是客体与主体的关系。那么海洋环境资源的价值则是自然环境与人类之间关系的表现。长期以来，海洋环境和资源的价值体系一直不完善，导致补偿不足。充分补偿的价值则是存在的价值。因此，必须充分补偿对海洋环境资源数量和质量的损害，完善存在价值。

（三）外部性价值论

环境经济思想建立在庇古（1932）的外部性理论基础上。20 世纪环境问题尚未引起广泛关注，庇古以河流污染为例，提出了外部性外部造成的环境污染问题，主张对私人生产产生的外部成本进行等额征税，使私人成本与社会成本相等；对私人成本产生的外部收益进行等额补贴，使私人收益与社会收益一致，从而使资源配置接近"帕累托最优状态"。庇古认为，政府有责任通过补贴、赋税或法规，使得个人净边际成本等于社会净边际成本。随着海洋开发热潮及海洋资源过度开发、环境日益恶化，海洋环境灾害事件不断发生，人们重视海洋经济发展的外部性理论与"市场失灵"问题。庇古的外部性理论为海洋环境资源的科学定价确立了理论基础。现代资源经济学基于这一理论建立了环境资源价值的基本定价模型：环境资源价值 + 私人成本 + 外部成本 = 私人生产成本 + 使用者成本 + 环境成本①。

三、海洋环境价值评估方法

海洋环境价值评估法是对海洋环境资产提供的商品和服务的定量评估，并以货币量来表示。一般来说，海洋环境的价值主要包括使用价值

---

① 马中. 环境与自然资源经济学概论［M］. 北京：高等教育出版社，2006：11.

和非使用价值，具体表现在：为生物物种和非生物物种的生存和形成提供时空背景；为生物提供生活资料；对生物物种的更新和物质转化有着特殊的功能价值；为非生物的形成提供条件。海洋环境资源的内在价值称为"自然价值"，在经过一定的人类劳动并凝结于海洋环境资源中的价值，称为"附加劳动价值"。因此，可以得到海洋环境价值的评价公式：

$$V = V_1 + V_2 + V_3 \tag{2-1}$$

式（2-1）中：V——海洋环境资源总价值；

V_1——海洋环境提供物质性资源价值；

V_2——海洋环境的生态调节价值；

V_3——海洋环境资源凝结的人类劳动价值。

第三章

海洋环境治理的基础和经验分析

3

第一节　问题与逻辑

　　海洋作为地球上生物的主要起源地，其自身也具备复杂的资源环境基础，从海底岩石圈向上，包括厚度均值 3800 米的海水层、大气层及两种自然环境内部的生物群体均属于海洋系统的重要组成部分，在复杂环境系统作用下，海洋内部各圈层的相互影响不仅会对海洋生态功能造成影响，而且也会通过调节气候变化、大气流动及资源分布等影响全球人类的生产生活环境。

　　海洋不仅在环境方面对人类影响较大，而且其蕴含的丰富的能源资源也为各国活动产生了重要影响，根据探明的主要物质含量，包括锰（2000亿吨）、镍（164 亿吨）、铜（88 亿吨）、钴（58 亿吨）等在内的金属结核类物质为陆地的 40～1000 倍左右，而石油和天然气更是达到了 1350 亿吨和140 万亿立方米，在水产资源方面，其潜在开发产量达 2 亿吨，能够供给人类蛋白质需求的 22%，与目前 9000 亿吨的开采能力差距明显，除此之外，海洋化学元素和可再生能源含量也较高，保障了全球能源和物质消费①。

---

　　① 李芳芳，张晓涛，李晓璐. 生产性服务业空间集聚适度性评价——基于北京市主要城区对比研究［J］. 城市发展研究，2019，20（11）：119－124.

　　为此，世界各国名义上都将发展海洋经济与保护海洋环境作为国家安全和区域经济的重要内容，一些沿海国家甚至将海洋作为国家战略，如日本将海洋作为国家重大战略和全球视野的主要内涵，澳大利亚和韩国将海洋作为国家经济体系的核心，俄罗斯和美国则把海洋安全与海洋经济纳入国家安全战略体系，美国还制定了近岸与海洋空间规划。新西兰、爱尔兰高度重视海洋发展状况，每年均对外发布海洋经济发展报告。

第二节　可持续理念下的海洋开发

一、概论

　　由于海洋对于人类生产生活的服务能力较强，因此世界各国纷纷将海洋开发作为国家经济社会建设的重要目标，但是随着技术革命和工业化进程不断深入，向海洋发展时表现出的资源与环境不科学现象逐渐凸显，其中最为主要的问题是资源使用和污染排放超出了海洋的更新能力，给海洋生物多样化和环境容量造成了诸多威胁，因此可持续发展理念下的海洋开发成为世界公认的观点。

　　可持续发展理念自提出以来就受到了各国学者和政府的重视，并在理解和应用中被赋予更多内涵。早在20世纪70年代，德内拉·梅多斯等（1972）就提出"增长的极限"的概念，认为开发与发展过程应将生态修复和环境保护作为系统目标的重要环节①。在20世纪80年代中期，联合国委托其机构——联合国环境与发展会议积极宣传此理论，并将其推广至相关行业和领域，并对可持续发展理念进行了科学定义，在1987年《我们共同的未来》报告中，其对可持续发展进行了明确定义："在不损

---

① ［美］德内拉·梅多斯，乔根·兰德斯，丹尼斯·梅多斯. 增长的极限［M］. 北京：机械工业出版社，2006.

害未来人类需求，且能够满足他们需求的前提下，能够满足我们对需求的向往"，可持续发展理念是在继承"增长的极限"理念的基础上对其论述方法进行了有效的变革，被更多国家所接受①。

在 2012 年召开的联合国可持续发展大会（以下简称"里约 + 20"峰会）上，各国对可持续发展的理念达成了共识，并联合发布了《我们憧憬的未来》成果意见，为世界可持续发展指明了发展方向，海洋作为世界可持续发展的重要领域，各国在蓝色经济、绿色发展方面形成了共同愿景，也在实践中不断提升对于海洋可持续开发的理解和支持。

二、海洋在可持续理念中的地位和实践

在联合国大会形成的《我们憧憬的未来》之前，绿色经济是作为发达国家经济发展的主要目标和各国交流谈判的重要共识。但在文件形成之后，包括发展中国家在内的世界各国将可持续发展作为绿色经济的重要内涵，即不能以统一标准来评价不同发展阶段和发展模式的世界各国的经济形态，而是要坚持与本国国情和优先领域相拟合的发展道路，通过制定科学的办法、工具、愿景和模式来实现可持续发展的目标。

海洋可持续开发是在可持续发展大会之后被确定为世界可持续进程的重要环节，《我们憧憬的未来》报告中提出，海洋和沿海国家是作为地球生态系统中重要的有机组合，对于维持地球生态系统非常重要。该报告同时强调了作为世界海洋开发重要约束的《联合国海洋法公约》的指导地位，并指出其在推动世界海洋可持续发展中起到至关重要的作用，《联合国海洋法公约》不仅为海洋可持续开发提供了法律规范，而且能够通过约束性法律对生态系统管理、预防和修复提供重要保障。

虽然世界各国对绿色发展的界定和理解不尽相同，尤其是发展中国

---

① 董亮，张海滨. 2030 年可持续发展议程对全球及中国环境治理的影响 [J]. 中国人口·资源与环境，2016，26（1）：8 – 15.

家和发达国家对于污染排放强度的界定存在着诸多争议，但是可持续发展是世界上各个国家参与全球绿色经济合作的重要共识，也是后里约时代全球经济转型发展的主要趋势，在此背景下海洋可持续开发面临进一步深化和推广的新机遇，且随着全球气候变化、海洋污染全局化、公海开采过度化等问题日趋严重，世界海洋可持续开发大有可为。

　　海洋可持续发展在经济领域最为直观的方式就是发展蓝色经济，当前蓝色经济作为各国发展海洋经济的重要方向，其内涵和概念也在不断深化，其中美国、澳大利亚、印度尼西亚和韩国等均结合本国实际对蓝色经济进行了较深层次的研究，但对其进本内涵的理解仍达成一定共识：蓝色经济是在全球性气候变化和经济危机并存的基础上的经济应对策略，是对原有海洋经济内涵的深化和扩展，其与传统海洋经济最大的不同是需要考虑整个经济系统的最大化收益，需要维护和保护海洋生态环境系统的健全功能，通过海洋生态功能的科学评价、开发可替代生计技术、新兴技术的研发和转化以及可再生能源的高效开发等发展可持续性的海洋经济①。

三、中国海洋可持续发展的基础

　　中国作为全球海洋大国，虽然资源含量和环境容量均处于世界前列，但是在庞大人口基数和资源需求量的影响下，人均资源匮乏的问题仍未解决，且中国长期坚持向海洋布局使经济社会的增量对近海生态环境的影响更加明显，突发性海洋环境事件发生概率居全球前列，生态功能退化现象较为普遍，必须更加坚定地走可持续的海洋发展之路。因此国家在新时期制定了诸多解决海洋生态环境问题的办法，旨在通过综合性政策措施解决海洋过度开发的问题，在经济高质量发展和经济结构转型期，突破海洋资源瓶颈，保持海洋的可持续发展能力，是我国长期坚持的重点。

---

　　①　高之国.中国海洋发展报告［M］.北京：海洋出版社，2018.

（一）我国海洋可持续开发的物质基础

作为海洋产品消费大国，我国对于海洋食品、海洋能源和海洋环境的需求日益旺盛，并在生产生活过程中扩大了对海洋空间的开发，港航资源、矿产资源、生物资源和旅游资源等更是占据了我国产业资源供给的主要来源，如丰富的海洋渔业能够满足中国对于蛋白质 1/4 的需求，超过 20% 的石油资源和近 30% 的天然气资源可以通过海洋获取，海洋水体能够提供 4.41 亿千瓦的再生能源，以及超过 3 亿吨的淡水，沿海地区的旅游资源占据我国文旅休闲资源的半壁江山①。海洋生态环境系统在国民经济社会中起到了越来越重要的作用。

除自然资源的经济属性以外，海洋蕴含的多样性生物和自然微环境也在基因库建设和物种培育方面具有重要价值，且其自更新能力能够一定程度上净化陆源污染物的排放、巩固岸线堤防，储存多功能营养等功能，与此同时，海洋还是全球气流、水流和温度流等的重要载体，是全球碳汇和氧气的重要储存地，因此保护好、利用好和修复好海洋复杂系统的功能，对我国国土安全起到了非常重要的作用。

（二）我国海洋可持续开发的经济基础

我国自改革开放以来便形成了以开放经济为主导的区域经济形态，海洋在其中的保障和支撑作用功不可没，尤以海洋渔业、海洋交通运输、滨海休闲旅游、海洋工程和海洋船舶等行业的作用最为明显。我国在经济布局过程中形成了以规划为引领、以省域为单元、以海洋区位和资源环境优势为依托的海洋空间开发体系，并在城镇化和工业化方面构成了向海洋开发为重点发展方向，根据 2019 年《中国统计年鉴》计算，我国沿海地区凭借 13% 的国土面积，承接了超过 40% 的人口定居，并创造了超过 60% 的经济产量，超过 80% 的投资额在沿海地区，一方面是由于国家政策和市场引领作用使经济的趋利性明显；另一方面也与海洋自身优

---

① 张曙光. 中国海洋经济地理学［M］. 南京：东南大学出版社，2015：57 – 73.

势能够更好地拟合钢铁、石油、运输、制造等行业的生产特征，因此在保障可持续发展的基础上，稳定科学的经济形态显得尤为重要。

四、海洋可持续开发的评估

可持续开发是指在特定空间内的某一开发主体，按照预定目标和发展步骤，稳定地将其开发状态约束在包括发展度、持续度和协调度在内的多渠道发展阈值之下的开发行为，表示了一种不损害今后开发能力的经济开采活动。

海洋的可持续开发是实现海洋系统（包括海岸带）经济功能、社会功能、环境生态功能可持续发展的重要手段，从系统性角度讲，可持续开发要体现三个基本特征：一是能够保证其水平和状态的可持续，二是能够保证其趋势和未来的可持续，三是能够保证各组成要素之间协调的可持续。

考虑到海洋是一个包含经济、社会、资源、环境、生物、技术、管理等多重元素的复合系统，其可持续特征也应反映出各子系统的综合性特征，即能够体现各项功能对于海洋系统的持续性支撑能力，因此可以构建涵盖资源可持续供给能力、环境可持续开发能力、经济可持续发展能力、社会可持续管理能力和科技可持续支撑能力这五个方面的可持续开发评价体系（见表3-1）。

表3-1　　　　　　　　海洋可持续开发评价体系

海洋可持续开发	二级指标	指标解释
资源可持续供给能力	资源存量与增量	包括能源资源、环境资源、生物资源、海水资源和空间资源
环境可持续开发能力	环境监管能力	包括法律、规章、政策等制度性条款，以及海洋环境监管效率
	污染治理能力	包括废水、废气和固体废弃物的排放达标率，海洋资源开采的污染渗透防治能力
	生态修复能力	包括建立海洋生态保护区、稀缺物种的繁殖培育、生态恢复工程的修建
	灾害预防能力	包括对突发海洋灾害的预警和应急能力

续表

海洋可持续开发	二级指标	指标解释
经济可持续发展能力	海洋经济主导能力	包括海洋经济规模、海洋经济占比、各行业贡献能力
	海洋经济开发潜力	包括海洋经济增长速度、岸线开发能力、高技术产业比例、重点项目建设效率
社会可持续管理能力	社会氛围培育	包括公众参与海洋保护的意识培育和思想宣传
科技可持续支撑能力	科技成果转化	包括技术成果转化能力、产业化应用能力
	基础研发能力	包括深海探测、能源开采、生物医药、物种培育等技术的研发能力
	科技投入能力	包括基础研究经费、人才培育经费

在指标体系中，资源可持续供给能力反映出可开采海洋资源的容量和潜力；环境可持续开发能力反映出海洋开发对生态环境的侵害能力是否高效且未超出海洋环境的限制；经济可持续发展能力反映出海洋经济对于区域经济的重要性和发展的支撑性；社会可持续管理能力反映出公众对海洋可持续开发的认知和认可能力；科技可持续支撑能力反映出科技进步在海洋开发中的推动和引领作用。

第三节　海洋环境治理典型案例和经验

一、宁波梅山湾海域环境治理

梅山湾位于浙江省宁波市北仑区东南部，介于北仑陆地与梅山岛中间位置，其所处的梅山街道曾经是一座以沙地西瓜和海盐为主导产业的贫瘠性小岛，直至 2008 年被国务院批准为宁波梅山保税港区，成为继上海洋山保税港、天津东疆保税港、大连大窑湾保税港、海南洋浦保税港之后中国的第 5 个保税港区。在新的产业定位下，梅山湾充分发挥自身港口的天然泊位优势，逐渐壮大港口服务功能，培育出集装箱吞吐量超220 万标箱的国际化港口①。

在产业更新的同时，梅山湾逐渐实施管理体制改革，并于 2015 年完成撤乡设街道的区划调整任务，并成立以梅山岛为中心的宁波国际海洋生态科技城，在巩固港口优势的同时不断提升物流、贸易等关联产业的服务优势，并积极引入旅游、科教、研发等高端海洋生产技术。

梅山湾作为长三角区域的代表性湾区，在开发和建设的过程中极易遭遇陆源污染的侵蚀，尤其是作为工业开发和农业种植养殖较为发达的地区，每年流入梅山湾中的营养物质均超过海洋消化自净能力，再加上梅山湾天然屏障使流经湾区的海水流速迅速降低，导致携带大量泥沙的东海海水携带大量泥沙和营养物质在南北堤周边堆积，且当地较为合适的阳光、温度和盐度条件更有助于藻类繁殖，最终导致湾区赤潮灾害时有发生。如 2018 年 8 月发生的赤潮现象检测出具有麻痹性贝毒的链状裸甲藻，密度达到 $5.8 \times 10^5 \sim 3.2 \times 10^6$ 个/升，高出赤潮生物密度的 5×10^5 个/升判定标准，并伴随了泡沫和死鱼现象，给当地生产生活造成了较大的损失②。

随着当地政府更加重视对海洋环境的保护和修复，并采取一系列水域治理综合举措，使梅山湾水质有了明显好转，2019 年梅山湾区并未发生赤潮和其他类型水质污染问题，且水质始终保持在 Ⅱ 类判定标准，因此梅山湾水道被评为中国水利工程最高级别奖项"大禹奖"，在含沙量较高的东海成为长三角地区唯一的蓝色海湾。其主要治理方式可以概括为以下四点。

（一）发挥赤潮治理方面的优势

梅山岛虽为地处东海沿海的中小型岛屿，但湾区海域的海水体量和水面面积均较大，且周围涵盖了滩涂、沙滩、树林、河流、城镇、工厂

---

①② 资料来源：宁波梅山保税港区门户网站。

等多种生产形态，导致了在梅山湾发生的赤潮现象更具复杂性和动态性，因此需借助更加专业和系统的管理力量对其进行监督和治理。

在充分分析梅山湾海域和周边城镇布局、产业定位、自然资源分布及各类规划的基础上，聘请专业院校和研究团队研究制定蓝色海湾示范工程的实施方案，并通过实地考察、水质抽样等方法，提出梅山湾系统应该将生态修复作为治理重点，并针对海域状况提出以动植物和微生物为重点对海域水质进行治理。

（二）提升综合治理水平

针对海域管理存在诸多权责不清和惩罚不明的情况，制定了《梅山湾海域保护与管理办法》，为海域综合治理提供了法律保障。在管理主体方面，成立了专门的梅山湾海湾专项工作领导小组，涵盖了北仑和梅山两级政府中的环保、航运、水利、旅游和海事等多个部门，能够掌握或协调湾区污染事件所有的管理权限，并健全湾区内部海域监管、行政执法、安全生产、灾害处置等在内的协调机制。

（三）发挥现代技术的管理优势

加大水质日常监测力度，形成常态化监测机制，实现了湾区水质至少每天一测、在重点时间加大监测密度，同时设立全日不间断的监测点位，准确及时地获取梅山湾内水质动态。聘请专业研究机构，建立赤潮预警模型，发挥信息技术的时效功能，搭建预警发布软件，实现全时段监督。

根据宁波市北仑区治水办提供的信息，梅山湾通过调整水位调度方法，以少量多次为原则，保证每次换水的高度保持在30厘米左右，坚持运用"北进南出"或"北进北出"的水体调度方向，既能避免水体泥沙的快速堆积，也能保证盐度不会过度变化，使梅山湾水域的水体调度更加科学。积极发挥卫星云图、雷达图等对气象变化和潮位高低等的预判作用，在确保防洪防灾的基础上最大限度减小降雨淡水对海域水质和盐度的影响，保证湾区内生态环境在可持续控制范围之内①。

（四）注重源头污染治理模式

当地政府组织编制了《梅山湾蓝色海湾示范工程建设管理工作大纲》，并将其作为海湾环境治理的纲领性文件，并在水质治理中坚持"截污截淡＋生物生态治理"的根本途径。

一方面，实施疏堵结合的一系列举措，启动建设梅山湾周围包括梅中社区新河工程、梅山大河三期工程等在内的六项水系外排疏通工程，通过引流，阻挡梅山岛内水体直接排入梅山湾，与此同时，推动建设干岙水库，使来自梅山湾上游的淡水能够有效截流，避免生产生活产生的污水流入湾区。

另一方面，清退陆域污染源，尤其是减少湾区周边农田面源污染的渗透，逐步推进钟家塘约400亩海水养殖塘的退塘还田进程。迁建春晓污水处理厂，最终实现污水厂的尾水不入湾。

二、世界海洋环境管理方式

自海洋开发数百年以来，人类生产生活取得了前所未有的进步，但经济社会的高速发展也带来了严重的环境问题，海洋环境治理已成为现代海洋管理的重要工作。

（一）完善有效的环境监测体系

在海洋环境治理过程中，环境监测是必不可少的重要环节之一，能够为环境治理提供有力的数据支持。

环境监测指运用物理、化学、生物、遥感、计算机等现代科学技术，

---

① 北仑区治水办. 宁波梅山湾水质治理成效明显，蓝色海湾水质优良成常态［J］. 中国宁波网，2019－12－23.

采取间断的或连续的途径对环境化学污染物及物理和生物污染等因素进行监测，确定环境质量及其变化趋势，并作出综合评价。按照监测对象划分，环境监测包括环境质量监测和污染源监测两种。环境监测工作是对环境各项指标的监测与评价，是环境治理中制定规划政策与防治措施的重要依据，是提高环境治理效率的重要保障。为探索提高环境监测数据的准确性与有效性过程中，各国形成了诸多经验。

1. 加强技术人员的培训，设立考核机制

在智能化监测设备不断更新换代的现代社会中，传统的技术手段已不符合海洋环境复杂性的需要，若环境监测人员没有做到与时俱进，不熟悉新的环境监测工作方法，不掌握新的环境监测操作方式，会影响环境监测的有效性。因此，美国和欧洲等国家通过建立科学的培训机制、奖惩机制与绩效评估机制，充分调动基层环境监测人员的主动性，以提升环境监测人才队伍的整体质量。

2. 优化监测方法，实现环境数据共享

提高环境监测工作的有效性，要构建科学有效的环境监测工作体系，优化环境监测方法，提高样品采集的质量，建立原始数据信息的采集机制，达到科学化环境监测的目标。首先，应当优化样品采集的方案，制定科学的样品采集计划，明确样品采集工作的重点，根据环境保护的需要制定环境监测的工作目标与实施方法，保证能全方位和重点采集环境数据信息。其次，应当加大原始数据信息的采集力度，详细记录样品采集的环境、状态、方法，建立全员参与的岗位职责落实机制，保证样品采集的质量，为后续工作提供有效的数据支持。最后，应当优化采集样品的程序，规范样品采集流程，做到每一环节科学合理，达到全面有效监测的目标。

在环境监测过程中，不仅要优化监测方法，获得科学准确的环境数据，还要进一步构建环境数据共享机制，提高环境监测效率。当前环保部门大多采用相关项目的监测数据和历史监测数据，但在具体的环境评价项目实施过程中情况较为复杂，需要综合分析长期历史数据。在实际工作中，由于现实情况的复杂性，往往会降低数据要求或是对已获取到的数据进行反复利用，但这一行为无疑降低了数据的有效性与科学性。因此，各部门之间应构建环境数据共享体系，统一发布国家环境质量、重点污染源监测信息以及其他重大环境信息。

3. 建立科学的环境评价与监督体系

基于准确有效的环境监测数据，须进一步展开环境评价工作。考虑到实际环境评价工作中，所需执行的步骤较多，且各个步骤之间存在紧密的联系，同时在实际工作开展时，其涉及的各个部门之间也有紧密的联系，因此各国特别注重部门之间进行有效协作和配合，确保环境评价工作中每一步骤都能够落到实处，确保环境评价工作的准确性和有效性。通过加快构建科学的环境评价体系，为环境监测工作的顺利开展提供保障。

（二）统一的陆海统筹引领体制

1. 完善的生态补偿保障机制

生态补偿机制是海洋生态环境保护的重要举措，是解决海洋环境困扰的一种主要调控策略。国外已经形成了与生态补偿相配套的治理体系，其中欧盟国家、日本和美国等发达国家在陆海统筹方面的经验值得我们借鉴，以美国为例，美国是名副其实的海洋大国，其海洋开发起步较早，因此海洋生态环境问题也最早暴露。早在第二次世界大战时期，美国就开始开发和利用海洋资源，但他们同时也关注了海洋的生态环境问题，美国在海洋环境被破坏的起初就开始注重海洋立法、执法、规划和战略行动制定、管理体制的完善、科技创新、人才培养及区域合作等。因此，美国在海陆环境治理中可以统筹兼顾，共同发展。

陆海系统中的环境补偿是自然发展中客观存在的规律，政府管理应该在部门协调互助机制和技术网络整合等方面发挥优势，通过遵循公正公平、按需推进的原则，有效平衡陆海环境治理过程中的协作需求，制定符合中国海岸带陆海环境统筹治理需要的治理路径。

2. 规范完备的法律支撑体系

海陆环境统筹治理和生态补偿机制的构建和推进需要法律的作为支撑保障。欧洲国家最早意识到法律的重要性，其中在 1974 年，欧洲波罗的海沿岸的诸多国家就在赫尔辛基共同签署《保护波罗的海区域海洋环境的公约》（Protection of the Marine Environment of the Baltic Sea Area，又称《赫尔辛基公约》），公约作为一部经典的海洋协作保护法，既参照了国际公约的思想和规范，又充分考虑了当时沿岸各国实际情况。随后各国纷纷仿照公约制定了诸多法案，如欧洲地中海的《巴塞罗那公约》，美国的《海洋与海岸带法》及日本的《濑户内海环境保护特别措施法》等。我国应从法律上落实海陆环境治理，让企业、各部门有法可依，有法可循，依法强化对海陆两地环境的治理。

3. 市场主导下的政策管理手段

西方国家在海洋环境治理方面建立了较为完备的政策体系，但始终尊重市场调控在环境补偿、收益分配、要素流动中的作用，政府部门在其中主要起到产权界定、责权划分和信息共享的作用。创建市场主要是基于科斯定理的思想而实施的，即通过界定资源环境产权、建立可交易的许可证和排污权、建立国际补偿体系等途径，以较低的管理成本来解决资源和生态环境问题。欧洲一些国家和日本通过了解企业的现状及不同时期海陆被污染状况，针对不同的环境问题采用不同的市场性政策工具，结合政府政策与市场引导性政策对企业及相关部门采取不同的政策措施。针对我国海洋空间辽阔，海域污染复杂等问题，可以参照经验，赋予地方政府更多的管理自主性，使地方治理政策与当地实际更加配套，我国近些年也实行了相应探索，例如青岛市进一步严控污染物排海总量，实行"一湾一策"和清单式管理，统筹推进海陆污染治理，推动湾长制取得新成果。但与发达国家相比政府与市场的关系仍需进一步明晰和区分。

第四章 海岸带陆海统筹理论与实证

4

从世界主要沿海经济发展格局看，均表现出由内陆向沿海转移的趋势，其中重要的原因之一是陆域资源环境开发的局限性和开发价值已不能满足地方经济发展需求。作为陆域资源环境和海域资源环境的复合承载空间，海岸带区域在衍生更加复杂的经济系统的同时，其生态系统的脆弱性和敏感性也面临更多威胁，因此近年来各国通过调整产业布局，构建与生态系统承载力相协调的社会经济发展形态。

我国作为海洋大国，陆海资源均相对发达，但海岸带复杂的资源环境与发达的临海区域经济间形成的矛盾日益突出，直接导致了陆海生态经济系统各项预警频繁发生，如何以陆海资源环境承载为依据，扭转陆海经济发展间的紧迫关系，是实现海岸带区域经济体系可持续的重要保障。

首先，本章试图通过对陆海统筹概念和内涵进行界定，其次，参照共生理论对陆海统筹的运行和演化机制进行分析，最后，在理论分析的基础上选取能够反映出我国陆海统筹的共生系统模型，对我国临海区域海洋与陆地的关系进行分类，更加细化地反映出我国陆海统筹面临的主要瓶颈。

第一节　陆海统筹内涵及界定

一、陆海统筹概念

"陆海统筹"一词是由我国学者根据陆海经济发展特性提出的概念，国外学者较少对其概念和内涵进行界定，但是会从陆海关系及典型区域海岸带的管理角度进行分析，如比利亚纳·奇辛·塞恩等（Biliana Cicin-Sain et al.，2005）[1] 以海岸带自然保护区为实例制定了管理和治理意见。布拉克斯顿·戴维斯（Braxton Davis，2004）则对现有海岸带自然保护区的管理效果进行了对比分析[2]。埃勒和杜维尔（Ehler C. & Douvere F.）则从空间规划的视角对陆海生态系统的管理进行总结[3]。帕纳约托（Panayotou，2009）在对欧洲做研究时提出海岸带管理应该更加注重应对海洋环境的变化[4]。罗德里格斯等（Rodriguez et al.，2009）则借助更加先进的 GIS 技术应用于海岸带智能化管理中，提出了很多新的思路和借鉴[5]。

我国最早提出"陆海统筹"概念的是张海峰，他在 2004 年《郑和下西洋 600 周年》报告会上提出了陆海统筹战略对于我国海洋经济发展的重要性。随后诸多学者就陆海统筹的重要性、概念和路径进行了大量丰

---

① Cicin-Sain B.，S. Belfiore. Linking Marine Protected Areas to Integrated Coastla and Ocean Management：Areview of Theory and Practice ［J］. Ocean & Coastal Management，2005（1）：847 – 868.

② Braxton. C. D. Regional Planning in the US Coastal Zone：a Comparative Analysis of 15 Special Area plans ［J］. Ocean & Coastal Management，2004（3）：79 – 94.

③ Ehler C.，F. Douvere. Marine Spatial Planning：A Step-by-step Approach toward Ecosystem-based Management ［M］. Paris：UNESCO，2009.

④ Panayotou K. Coastal Management and Climate Change：An Australian Perspective ［J］. Journal of Coastal Research，2009（1）：742 – 746.

⑤ Rodriguez I，Montoya T，Sanchez M J，et al. Geofraphic Information Systems Applied to Integrated Coastal Zone Management ［J］. Geomorphology，2009（10）：100 – 105.

富的研究。李义虎（2007）从国家利益的角度认为对于我们这种海洋属性和陆地属性均较强的国家来讲，陆海统筹显得尤为重要。叶向东（2009）则更有针对性地提出陆海统筹应该遵循的原则与方法。

蔡安宁等（2012）认为，陆海统筹可以从人地关系和人海关系的角度考量，即在人类社会经济行为主导下，依托于陆海综合系统的自然承载力，在资源环境使用、经济开发、地方政策、文化制度、公共安全等方面实现统一规划，使人类活动的社会系统、陆地系统和海洋系统实现协调发展①。

韩增林（2012）认为，陆海统筹是在综合考虑陆海两系统的社会、经济和生态功能的前提下，借助物流、能流和信息流等媒介，以政策规划和设计为引领，通过打通两系统的资源交换通道，实现海陆资源的优势互补和海陆功能的互动②。

杨荫凯（2013）认为，陆海统筹是在立足陆海资源环境特征的基础上，通过规划、政策和计划等宏观调控，重点在资源开发、生态保护和协同管理等领域，实现海洋和陆地的经济功能、社会功能和社会功能综合效益最大化的目标③。

王芳（2009）则从陆海统筹的主要海洋资源的管理实践入手，研究了陆海统筹应该建成以港口城市为核心的城市体系，在产业方面重点建设海水养殖基地、旅游产业带、海水利用产业化基地、枢纽港及石油基地④。

曹忠祥等（2015）等认为，陆海统筹是在稳固提升陆域空间开发强度的基础上，进一步提升海洋开发在国家总体战略总的重要性，使海洋充分发挥保障资源环境、维护国家安全、发展经济等作用，其主要涉及

① 蔡安宁，李靖，鲍捷，等．基于空间视角的陆海统筹战略思考［J］．世界经济地理，2012，21（1）：26－34．
② 韩增林，狄乾斌，周乐萍．陆海统筹的内涵与目标解析［J］．海洋经济，2012，2（1）：10－15．
③ 杨荫凯．陆海统筹发展的理论、实践与对策［J］．区域经济评论，2013（5）：31－34．
④ 王芳．对海陆统筹发展的认识和思考［J］．中国发展，2012（3）：33－35．

在资源开发、产业布局、交通基础设施、生态环境保护等方面的协调，最终实现海陆系统的优势互补和良性互动①。

综上所述，可以对"陆海统筹"做以下定义：在可持续理念引领下，以统领性规划和法律法规为保障，在科学评价海洋系统和陆地系统的生态功能、经济功能和社会功能基础上，通过产业整合、资源共享、环境共治、监管共用、交通共联，实现陆地与海洋的经济社会效益和环境效益的最大化。

二、陆海统筹的内涵

(一) 陆海空间统筹内涵

陆地和海洋作为人类开发自然要素的两大空间载体，本应协调统一于地球生态系统的整体框架，但随着人类社会经济活动与资源环境获取形成分割，陆地价值和海洋价值逐渐与自身系统性功能相分离，陆地作为人类生活生产的主要聚居地，其生态功能逐渐受到重视，资源开采和环境使用中的可持续性逐渐提升，而海洋受限于活动成本较大，长期以来仅作为要素获取的来源地，致使其环境修复价值和生物涵养价值被忽视，但在自然界两个系统间的大气循环、能量转换、物资位移、生物更新等自然进程长期存在，人类活动对海洋的侵蚀最终仍会循环作用于人类自身，因此将海洋和陆地界定为独立系统进行独立开发是不科学，也是不现实的。

从陆海统筹的空间角度，人类涉海活动空间构成了陆海复合区域，包括陆地功能与海洋功能通过结合、重组、连接等相互作用较为强烈的重叠性或过渡性地域②，主要涉及海岛、滩涂、湾区、湿地、半岛和河口

---

① 曹忠祥，高国力. 我国陆海统筹发展的战略内涵、思路与对策 [J]. 中国软科学，2015 (2)：1–12.

② 徐质斌. 海洋国土论 [M]. 北京：人民出版社，2008.

等区域。从人地关系的角度，可以分为人类系统和陆海系统，而从开发功能角度则可分为陆地系统和海洋系统。不论如何区分，其功能均相互作用于陆海生态经济系统的整体运转过程中。由此可以假设 S 为人类经济社会系统，M 为海洋生态系统，L 为陆地生态系统，则陆海系统为三者的系统整合 C = f（S，M，L），而其综合价值也为三系统的价值的线性组合，即 Ec = f（Es，Em，El），在此系统假设下陆海统筹应该满足以下条件：Ec > Es + Em + El，即三者在统筹协调中能够衍生出更高的经济价值：一方面海洋资源的探测、开发、开采和使用均需要陆地提供技术和设备支撑，另一方面陆域经济的发展需要借助海洋在空间、区位和资源优势作为保障，而人类社会经济系统正是在充分吸收陆海资源整合和环境互补过程中，二者通过耦合得以提升，具体作用机理如图 4 - 1 所示。

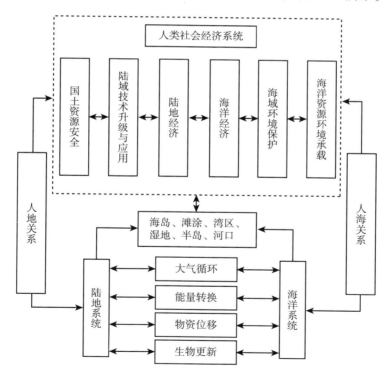

图 4 - 1 陆海空间统筹内涵示意

（二）陆海统筹内涵

陆海统筹作为我国新时期处理海陆关系的最新发展理念，在建设海洋强国的战略机遇期具有重大指导意义。从广义的角度理解，陆海统筹是我国向海洋开发与陆地发展优化共同作用下经济发展的应有之义，其关系到我国绝大部分的国土开发、环境、资源、社会、经济、制度、法律及权力等诸多方面，对我国国土安全和经济社会可持续发展具有战略性影响。

陆海统筹就是从宏观角度对以上国土空间进行统一筹划，对于我国而言，可以理解为在优化陆域国土使用功能的基础上，进一步改善海洋国土在资源环境保障、经济功能提升、空间稳定开发中的作用，实现陆海间、区域间、经济发展与生态保障间的多重协调，真正做到陆海两大系统的良性耦合。其内涵可以概括为以下三点。

一是提升海洋空间开发的战略性地位。人类活动集聚和文明发展多以陆地作为空间载体，致使海洋在空间开发过程中的地位未得到充分重视，一方面只是将其作为物资来源，另一方面海洋资源开发的技术能力和海域管理经验均达不到海陆系统的公平与效率目标，陆域经济传统发展方式使大量海洋资源被低效利用，也给海洋环境容量造成较大威胁，因此在实施陆海统筹战略之前首先应树立海洋国土与陆域国土同等重要的观念，扭转传统向海要空间、向海要资源的重陆轻海思想，赋予海洋在国家经济社会发展中的战略性支撑地位，同步提高对海岸带、内海、专属经济区等开发和保护能力。

二是加快实施海洋高质量开发进程。我国区域经济自改革开放以来在市场化、全球化和地方化取得长足发展，但也逐渐认识到粗放发展模式给国土安全和经济可持续性发展带来了诸多挑战，因此进入 21 世纪以来，不管宏观指导还是地区实践，都在积极探讨通过改变国土资源使用方式来转变经济发展模式。需要清醒认识的是，我国长期坚持的是通过转换资源使用结构提高国土资源使用效率，其重点多集中于陆地领域，对于海洋的管控和改善较弱，海洋开发仍集中于初级开采和简单再生产。新时期我国地缘政治形式与以往存在很大差别，主要威胁已经向海洋一侧转移，在参与全球竞争的过程中要想掌握下一轮经济体系的话语权，必须充分界定、挖掘和保护我国海洋资源和环境空间，通过技术转化、产业培育、环境治理、空间管理等提升海洋开发能力和效率，充分显示我国建设海洋、开发海洋和保护海洋的能力。

三是注重提高陆海协同关系和陆海一体化能力。由于陆地系统和海洋系统在资源、环境、生物等存在着千丝万缕的必然联系，这就决定了国土开发最终会向一体化演进①。因此能否科学处理好陆海国土空间开发、陆海经济发展之间的关系，不仅决定了海洋开发是否可持续，而且影响了整个经济社会系统的竞争力。从我国现阶段陆海关系存在的问题看，主要存在产业关联不强、生态地位不平衡、资源使用无序、空间管理不顺等问题，因此应在资源开采、环境监管与治理、经济布局、基础设施修建等方面加强陆海间协作能力，如实施一盘棋的国土开发规划，以资源互补引领产业协作，优化海洋资源开采效率。从区域竞合的角度出发，要抛弃传统各自为政的发展理念，从大局考虑海洋国土的功能和优势，在资源开采和环境利用过程中应以海洋总体容量和更新速度进行界定，尤其是在发展陆域产业时避免将海洋作为公共污染池塘，理顺海洋经济与陆域经济的地位和作用，以局部支撑起总体陆海系统的协调。

三、国际关于陆海统筹的实践

根据以上分析可以看出，由陆海空间承载能力导致的海陆关系呈现出胁迫问题，因此世界各国也在通过出台相应战略规划以实现规范开发下的可持续发展。

---

① 鲍捷，吴殿廷，蔡安宁，等. 基于地理学视角的"十二五"期间我国海陆统筹方略 [J]. 中国软科学，2011（5）：1-11.

美国作为东西面海的国家，海洋资源禀赋突出，自 20 世纪 60 年代以来，其就开始制定涵盖法律法规、开发政策、计划规划以及管理制度等为一体的海洋开发战略指导体系。如相继颁布的《美国海洋学十年规划（1960 – 1970）》（Ten – year Plan of American Oceanography 1960 – 1970）、《美国海洋行动计划》（U. S. Ocean Action Plan）和《21 世纪美国海洋蓝图》（Ocean Blueprint for Twenty-first Century）等对不同时期美国海洋开发任务和强度进行了界定，与此同时，《海岸带管理法》（Coastal Zone Management Act）和《国家海洋庇护区法》（National Marine Sanctuary Act）等法律的实施为海洋开发过程中资源环境的保护提供了保障，在一系列动态规划和法律的约束下，美国东西海岸带不仅成为引领世界的政治中心和经济中心，而且环境质量在全球遥遥领先。与美国相类似，加拿大也在 2002 年发布了《加拿大海洋战略》（Canadian marine strategy），战略中明确说明要在经济可持续和环境科学管理和预防的引领下开发海洋，保证了海岸线环境的健康稳定。

欧洲国家作为世界上使用海洋、开发海洋的发达国家，虽然海岸线资源不如其他国家丰富，但凭借丰富的渔业资源和油气资源，是世界上优质鱼类和能源的重要产出国，各国在经历海洋资源环境过度开发之后逐渐认清海洋可持续开发的重要性，英国制定了《北海石油与天然气：海岸规划指导方略》（North Sea Oil and Gas：Guidelines for Coastal Planning）等来约束海洋资源环境无节制开发，并制定了《英国海洋管理、保护和使用法》（British Marine Management，Protection and Use Act）对可能的过度开发进行制约。法国自 1960 年提出向海进军的口号以后，及时成立了海洋开发和管理专业协调部门，并通过寻求与周边国家的合作以提升海洋开发的可持续性和相对收益。

亚洲对于海洋资源环境的依赖性主要集中于东亚和东南亚等国家，其中以东亚日本和韩国的综合开发能力最强，主要与其海岛国家的属性相关。韩国在 1996 年就成立了海洋与渔业事务管理部，专门负责对海洋资源开发和环境监管事务。日本则在 2006 年和 2007 年相继颁布了《海洋政策大纲》（海洋政策の概要），进一步明确了海洋开发和管理的体制机制。

第二节　我国陆海统筹存在的问题

国际社会普遍将 21 世纪视为海洋的世纪，既与经济全球化形态分不开，也说明了海洋空间对于人类社会经济发展的影响潜力巨大。著名哲学家和评论家黑格尔在其《历史哲学》一书说过："即使中国临海，即使在远古时代中国具有发达的远洋航运，但是中国并没有享受到海洋给予的文明，中国的文化没有得到海洋的影响。"[1] 虽然黑格尔的话并未真实描述出中国社会文化中的海洋元素，但也一定程度上说明了我国在海洋开发和建设方面相对滞后。党的十九大提出建设海洋强国，并将其作为现代化经济体系的重要内容，说明国家已经将海洋作为下一轮国土开发的重点。但是从陆海经济发展的关系和对比看，陆海统筹还存在诸多不尽如人意的地方。

一、海洋经济质量有待提高

虽然近年来我国加大面向海洋的科技投入，在关键领域和关键技术方面取得了诸多成就，但海洋经济的总体发展质量并未得到明显提升。

（一）海洋经济的发现效率相对不足

与世界其他国家相比，我国对海洋资源开发的综合利用率仍然较低，以海洋资源生态环境为基础的海洋经济发展普遍处于失调状态[2]。海洋

---

[1] 毛明. 论黑格尔海洋文明论对中国海洋文化和文学研究的影响 [J]. 中华文化论坛，2017（10）：172－178.

[2] 王佳，杨坤，王慧，等. 我国沿海地区海洋资源利用与经济发展的时空耦合研究 [J]. 广东海洋大学学报，2016，36（5）：15－22.

经济发展中传统行业的比重相对较高，资源深层次开发和再生产能力远
远不足，说明在大力转变经济发展方式过程中海洋经济对于高附加值产
业的贡献率相对不足，这从海洋经济比重也可体现，根据《2018 年中
国海洋经济统计公报》，当年海洋经济增加值中滨海旅游业的贡献率达
到 47.8%，其次是海洋交通运输业和海洋渔业，分别达到 19.4% 和
14.3%，而技术贡献相对较高的海洋生物医药业和海洋船舶工业的贡献
率仅为 1.2% 和 3%，在全球市场趋缓的背景下海洋产业的竞争优势亟
待提高。

（二）区域间海洋经济的发展能力不均衡

从 2017 年沿海区域海洋经济分布上看，各地均取得了长足进步，其
中广东和山东的海洋经济产值已破万亿元，福建、上海、浙江和江苏的
规模也将近万亿元，但仍有部分地区发展规模较小，而以海岸带为基础
计算的海洋经济密度则表现出不同的差距，其中上海市凭借 49.527 亿元/
千米始终保持在第一位，而最后一位的海南仅为 0.773 亿元/千米，且二
者的差距在逐渐增大①。

（三）先进技术支撑能力不强

从海洋科技对经济增长的贡献率看，我国海洋经济中的技术份额仍
然较低②，不仅是由于在较多领域未能形成技术突破，也与我国创新转化
与应用能力较低有关，据测算，我国在海洋领域的专利转化率仅不到
20%，在勘探、深海资源开发等关键技术环节尚存在较强的对外依赖③，
高新技术紧缺型人才无法满足海洋开发需求。

① 韩增林，许旭. 中国海洋经济地域差异及演化过程分析 [J]. 地理研究，2008（3）：613－622.
② 刘明. 影响我国海洋经济可持续发展的重大问题分析 [J]. 产业与科技论坛，2010（1）：55－60.
③ 仲雯雯，郭佩芳，于宜法. 中国战略性海洋新兴产业的发展对策探讨 [J]. 中国人口资源与环境，2011（9）：163－167.

（四）区域性岸线开发差距较大

我国海洋开发主要集中于经济较为密集的河口、海湾及开发难度相对较小的滩涂区域，其污染排放也主要集中于近岸附近，而资源储量和类别相对更高的远海区和深海区的开发潜力有待提升。与此同时，不同地域海洋岸线所在的地区在海洋经济开发方面也存在较大差异，如上海、天津等岸线紧张区域的岸线海洋经济建设密度远超过其他省份（见表4-1），此类区域也是岸线污染最为密集的区域。

表4-1　　　　2011年、2014年、2017年沿海地区海洋经济产值与密度

区域	海岸线长度（千米）	2011年		2014年		2017年	
		海洋经济生产总值（亿元）	海洋经济密度（亿元/千米）	海洋经济生产总值（亿元）	海洋经济密度（亿元/千米）	海洋经济生产总值（亿元）	海洋经济密度（亿元/千米）
上海	172.31	5224	30.317	6249	36.266	8534	49.527
天津	153	3021	19.745	5032	32.889	4647	30.373
河北	487	1152	2.366	2051	4.211	2386	4.899
江苏	953.9	3550	3.722	5590	5.86	7217	7.566
山东	3024.4	7074	2.339	11288	3.732	14000	4.629
广东	3368.1	8253	2.45	13229	3.928	17800	5.285
浙江	2200	3883	1.765	5437	2.471	7600	3.455
辽宁	2178	2619	1.202	3917	1.798	3900	1.791
福建	3051	3682	1.207	5980	1.96	9200	3.015
海南	1617.8	560	0.346	902	0.558	1250	0.773
广西	1595	548	0.344	1021	0.64	1394	0.874

资料来源：2012年、2015年和2018年《中国海洋统计年鉴》。

二、陆海经济关联性不够强

海洋经济低端化很重要的原因是陆域经济在技术引领和产业整合方面未对海洋开发形成有效支撑，主要表现出两系统间的合作更加集中于

低端行业，如渔业捕捞养殖与加工、矿产开采与运输、旅游体验与服务等。陆海经济这种常规的低层次合作和联系使二者相互支撑能力易受到市场冲击①。这对于海洋产业而言，最直接的结果就是资源要素过度集中于某些低生产率部门，如港口建设主要依赖于海岸结构和市场需求，但我国在港口选址时更多面向区域性矿产和大宗物资转运需求，并未对腹地市场竞争和容量进行科学评判，导致在市场开拓和布局时超出了货物供给能力，港口间竞争为取得更多竞价权转而寻求更加低端的合作，如此形成恶性循环。再如船舶工业布局更加倾向于钢铁锻造和装备制造较强的地区布局，关联限制下企业对既定产业链依赖性较强，造成自主创新能力较弱，低端产品供给过剩，从《国务院关于化解产能严重过剩矛盾的指导意见》可以看出，我国船舶工业的产能利用率约为75%，与世界先进水平尚有较大差距。

以港口经济为主导的临港经济区作为我国海洋经济集聚的载体，近年来成为各地政府寻求区域性开发的重点，我国现有多个临港工业区，其中不乏支撑区域经济体系的亮点，但绝大多数临港工业园均是在全球化大潮中地方政府为分得福利而设的，其产业定位趋于一致，造成低端产品过剩与高端产品短缺的尴尬困境，另外，临港工业区的设立需要充足的建设空间和资本投入，地方政府多选择围海造地、滩涂改造等破坏生态原始功能的开发方式，既造成了当地微环境被破坏，也抢占了当地原本的优势产能，导致生产方式的结构性下降。

三、沿海地带开发节奏不当给陆海环境造成冲击

由于区域之间在经济建设和城市建设方面有一系列硬性和软性评价规定，因此各地倾向于以短期收益更高的规模建设作为经济建设路径，造成了区域间、行业间和产业间在近岸的建设无序，对近海的环境也造

①　叶向东. 海陆统筹发展战略研究 [J]. 海洋开发与管理, 2008 (8)：33 – 36.

成了较大压力。

根据对海岸带岸线工业布局的梳理不难发现，在有限的岸线长度内混杂分布着涉海工业、旅游业、海水养殖、环境保护等各种行业类型，尤其是在行政区划较为密集的区域，地方政府更加倾向于无视环境损害的后果，将污染性较强的企业部门布局于边界区域，产业布局的重复建设不仅会导致当地生产效率低下，而且会增大海洋环境污染事件的发生概率。以港口为例，我国现已形成较为完备的港口体系，各地为了占据外贸优先市场，降低交通成本，会竞相将化工、能源、加工等排放密度较强的企业布局在港口枢纽周边，并逐渐带动人口资本集聚，进一步增大了向海的社会排放，其中最为直接的影响就是船舶港口污染，而我国直至 2012 年才开始关注这一问题，并于 2018 年开始实施《船舶发动机排气污染物排放限值及测量方法（中国第一、二阶段）》，而 2017 年单我国船舶排出的颗粒物与氮氧化物就高达 13.1 万吨和 134.6 万吨，已经严重威胁到海洋自身自净能力①。

海岸带的无节制开发也会给原有生态功能造成较大影响，根据中国测绘科学研究院公布的《2016 年专题性地理国情监测研究成果》，在当年 18550 千米的海陆分界线（不含中国香港地区、中国澳门地区、中国台湾地区）中，已有 12281 千米处于被开发状态，开发总量占比达到 66%，其中最主要的功能是用于养殖，占比达到 25.49%，另有临海建设和港口码头建设占比达到 7.91% 和 6.67%，高比率的岸线开发直接导致了海岸生态功能被侵蚀，与 20 世纪 50 年代相比，我国滨海湿地面积已经下降近 60%。

陆地经济活动也给海岸带的生态功能造成了较大冲击，海洋生态系统的生物涵养功能被侵占。我国作为新兴产业布局和人口流动庞大的发展中国家，工业化和城镇化进程仍在沿海区域快速上演，造成海洋生态形势日趋复杂，根据国家海洋局发布的《2018 年中国海洋发展报告》，超过 70% 的海洋污染来自陆地，且污染的贡献结构更趋多元，由原来以工

---

① 资料来源：《2018 年中国海洋生态环境状况公报》。

业为主转变为农业与工业、水体与大气共同作用，使超过 4/5 的近岸生态系统低于健康状态，如砂质海岸被侵蚀的长度已经超过 2500 千米，海鸟等生物的生活生态环境大幅缩减；联合国环境规划署在对全球河流的生态修复进行测量时认为，我国长江口属于修复难度极大的永久性"近岸死区"，珠江口和浙江沿岸则被评为季节性"近岸死区"。在规划引领和管理混乱的情况下，陆海生态功能面临进一步恶化的风险。

第三节　基于共生理论的我国陆海统筹状态判定

在 19 世纪 80 年代，共生概念最早发源于生物学领域，德国生物学家德倍礼在对菌类和藻类的关系进行分析时发现不同种群的生物会形成较强的依赖关系，并称其为共生，随后共生概念被引入系统关系评价中。

在生物学中，各共生主体（S）在一定共生环境 E 中通过某类依存关系 M 可以形成较为稳定的共生系统 S[①]。其中共生主体作为构成共生系统的主体，主要负责能量的生产和转移，而其能量交换的规模和方向则是通过互相依存的方法界定，这种复杂共生关系构成了共生模式，由于系统间多处于开放状态，各主体和共生模式也会受到系统内部和外部各因素的影响，此类因素合称为共生环境。

一、陆域经济与海域经济共生机制与阶段划分

（一）共生系统演进动力

随着共生理论的内涵不断丰富，其思想被应用于社会科学各个领域，

---

① 鲍捷，吴殿廷，蔡安宁，等 . 基于地理学视角的"十二五"期间我国海陆统筹方略 [J]. 中国软科学，2011（5）：1 – 11.

如杨玲丽（2010）将其应用于商业系统，并对工业共生进行研究①，吴飞驰（2000）则进一步将共生理论概念化，并将其进一步应用到经济学领域②。而袁纯清（1998）则通过梳理分析和哲学分析，进一步将经济学领域的共生理论规范化，形成了共生理论的理论体系③，在陆海经济系统方面，则运用共生理论研究了陆域经济系统和海域经济系统的依赖结构和依赖方式④。

共生关系的存在可以通过一系列标准进行辨别，其中最基础的辨别前提是两系统单元是否具有互相兼容性，这是因为只有构成共生系统的主体间能够达成要素沟通的媒介和通道，二者才能形成共生利益分配。若将海洋陆地经济系统作为依托统一体系，而其内部要素的空间分异和互补性则决定了其具有一定可分性，比如资源、资金、劳动力和环境是各经济形态必不可少的生产要素，但是海洋和陆地在资源分配的不平衡决定了彼此间具有要素整合和兼容的意愿表达，即共同的资本构成和异质性资源分布下海洋经济和陆地经济具有联合的现实需求，各自利益驱使下各种生产要素在陆海经济系统内部自由流动，构成了典型共生系统。

共生系统能够长效存在的前提是具有路径依赖或路径突破的能力，类似于生物系统中两种寄居群体间能够相互促进成长和繁衍的能力，这种能力是由共生主体间在联合需求促进下的互相激励和互相适应引发的。对于海洋系统和陆地系统而言，经济活动的空间演化能够很好地说明二者在契合中对系统的推动作用，人类作为经济活动的主体，在不断探索收益效率最大化时发现海洋资源环境对于陆地要素的补充具有独特优势，而海洋经济更需要借助陆地的空间、技术和产品作为工具，因此在经济空间的选择时可以充分发挥两者互补性优势创造更多价值，并形成了以

① 杨玲丽. 共生理论在社会科学领域的应用 [J]. 哲学动态，2000（16）：149-157.
② 吴飞驰. 关于共生理念的思考 [J]. 哲学动态，2000（6）：22-25.
③ 袁纯清. 共生理论-兼论小型经济 [M]. 北京：经济科学出版社，1998.
④ 董少彧. "陆海统筹"视域下的我国海陆经济共生状态研究 [D]. 沈阳：辽宁师范大学，2007.

沿海区域为载体的陆海经济复合系统，最终衍生出更多功能联合的创新可能。

（二）共生系统外生环境

陆海系统作为人类经济社会活动的资源环境载体，不仅会影响到人类迁移和发展方向，还会在人类的交流与合作中改变内部各成分的联系结构，其中陆地和海洋的联系在海岸带资源组合中随着人类物质和信息的交换变得更加频繁，因此针对人类活动的主要资源基础和生产方式，可以人为将其划分成海洋经济系统和陆地经济系统，二者的共生关系是通过人类对系统间比较优势的界定完成的，在需求拉动下人为空间上的物质和信息输送支撑了共生系统的能量流动。

除了共生主体以外，外界因素也会影响到共生系统运行的方向和质量。对于陆海系统而言，其发展进步的动力来源于系统内部各主体间的共生收益，这种收益不仅包括经济增收，也包括社会进步与环境优化。因此三类空间收益能否统筹协调有关，也会受到共生环境蕴含的外界因素影响，主要包括区位因素、制度因素和生态因素，具体如图 4 - 2 所示。

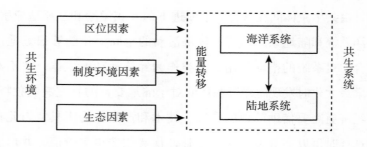

图 4 - 2   陆海共生系统

1. 区位因素

我国沿海区域空间经济体系的形成受到全球化、市场化和分权化三重势力的影响，因此各地区陆海经济的发展本身具有开放属性，其受到周边区域的影响较大，一方面，陆海资源的共生结构与区域禀赋优势相关，而其相对禀赋优势又是在与周边区域物质交换和信息交流过程中加以体现；另一方面，陆海系统的发展方向又是与两共生主体的效益能力有关，这种效益分配又与区域间合作能力和贸易次数有关，以交通、制度、市场等为代表的区位因素越有利于区域间合作，陆海系统内部物质和信息等能量交换越便捷，共生主体间的共生效率将更高效。

2. 制度环境因素

制度是经济发展模式和发展效率的重要外部环境，兼顾公平与效率的制度环境能够更好地引导资本向最大化收益流动，与此同时，优秀的制度环境在与经济融合以后也能形成自身产业价值，如文化产业等。当今社会，制度环境已经成为资金、人才、技术等先进要素流动的最重要因素，是推动地区经济社会发展的主要动力。对于陆海系统而言，资源开采和环境监管是在当地政府的制度约束下完成的，良好的制度环境能够将资源环境优先配置于高效市场主体，避免因权力偏差引起的系统间胁迫的发生，海洋系统与陆地系统的共生将向着更有利于两者均衡发展方向演进。

3. 生态因素

生态环境是经济发展与社会进步的第一前提，若没有生态赋予充足的物质基础和环境容量，人类生产生活将沿袭最为原始的发展方式。人类在享受生态环境赋予的要素禀赋的同时，也在技术探索中不断改变生态价值，在此过程中人类认识到生态对于陆海系统的发展更为重要，经济与环境之间的关系也发生着变化。早期人类活动尚处于自然生长阶段，经济系统的收益分配尚未明晰，在有限欲望下对于生态的影响程度仍在系统的更新范围之内，生态因素对于陆海系统更多起到支撑和引导作用，而随着人类开采技术的普及和市场化分工更加细化，对于生态因素的影响超出其自更新能力，反之环境对于陆海系统的影响变成约束或阻碍，因此环境因素在界定陆海强弱地位的过程中影响二者共生关系。

（三） 共生系统类型

根据各共生主体间权力分配结构不同，两系统间共生行为模式也存在较大差别，不仅会导致两主体间竞争与合作的收益分配结果不同，而且会影响到系统整体的演进方向。其中寄生模式指一方共生主体通过损害另一方的能量得以发展，二者存在单向的能量转换关系，对于陆海系统而言，由于人类发展是由陆向海的迁移路径，海洋往往作为陆地系统的经济延伸，在此过程中海陆势能间的差距使得自身价值被无节制转移至陆地系统，自身系统性经济形态无法得到保障。随着以陆地为主体的生产力布局面临越来越多的空间、资源和环境束缚，陆海系统在发展中的约束性条件日趋增多，致使宏观对于海洋管理的规范性和协作性制度也更加明晰，针对海洋可持续开发与利用的技术性应用也受到更多重视，海洋经济成为沿海区域经济中的重要组成部分，其经济功能和社会职能也在不断细化中更加凸显。随着海洋产业链和价值链不断填充，海洋系统也摆脱了为陆地服务的传统供给地位，转而形成自身相对独立的生产体系，两主体间的共生模式也随之发生演化。

偏向共生是相较于寄生更为均衡的一种共生模式，其主要体现在强势共生主体间不只是从弱势主体获取能量转移，而且能够在与弱势主体合作中创造更多能量，且主体间的物质、信息、人才等能量交换存在双向路径，只是这种交换主要面向强势主体的收益增加。对于海陆系统而言，海洋虽然已经具备一定的生产功能，且与陆地能够达成规范化的合作兼容条件，但是由于两主体实力差距悬殊，海洋生产功能尚不完备，其对于陆地的依赖性远高于其自身生产的边际收益增加，即通过与陆地物质、信息和技术的合作能够创造出更多系统性收益，因此更倾向于通过陆地的支撑来提高自身抗风险能力，其依附性显而易见。

另外，根据共生主体间能量创造的可能性和利益（损失）分配结构，共生模式还包括并生模式、单向偏利共生模式、对称互惠共生模式、非互利共生模式等。在海陆系统中，海洋与陆地可能表现出正向非互利共生模式、反向非互利共生模式等，即在能量双向交换中表现出更强的双向支撑，分类及特征如表 4 - 2 所示。

表 4 - 2　　　　　　　　共生模式分类及特征

共生模式	主体关联性	能量转移	系统进化
并生	共生主体间差异性较大，且相对独立	不存在主体间的能量转移	独立进化
寄生	共生主体间功能具有关联性，但关联需求是单向的	能量由寄主向寄生者转移，二者共生不产生新的能量	系统演化逐渐向有利于寄生者的方向演化
偏向共生	共生单元具有关联性，且关联需求是双向的	能量在具有双向转移，且会产生新能量，但归强势方所有	强势主体能够获得更多能量，共生系统向一方演化
不对称互惠共生	共生主体之间存在功能差异，联系为双向	能量转移是双向的，且创造的新能量能够根据一定比例进行分配	系统整体能够进化，但进化的进程更偏向于能量分配方式
对称互惠共生	共生主体间差异较小，且联系为双向	能量双向流动，且创造的新能量能够均衡分配	系统平稳演化，且各共生主体间享受能量平等

二、共生模型确定

在研究陆海系统共生模式之前需对共生主体的规律进行总结，本章主要选取 Logistic 增长模型对其进行测算，Logistic 增长模型被普遍应用于模拟人口的非线性递增趋势，并被延伸至研究生物种群演化等生物学领域。随后一些学者发现更多自然和社会现象在时间演化中也满足这一模型规律[1]，如等用其体现城镇化发展趋势[2]、用其模拟人口增长[3]，吴勇

① 王子龙，谭清美，许箫迪. 企业集群共生演化模型及实证研究 [J]. 中国管理科学，2006 (2)：141 - 148.

② Gibbs, D. C. Trust and networking in interfirm relations：The case of eco - industrial development [J]. Local Economy, 18 (3)：222 - 236.

③ Chertow, M. R. "uncovering" industrial symbiosis [J]. Journal of Industrical Ecology, 2007, 11 (1)：11 - 30.

民（2014）则将生产总值作为模拟量发现较好地拟合了增长趋势[1]，赵红（2004）则引入企业市场份额研究企业增长规律[2]基于模型的逻辑，用其研究海陆系统共生演化关系。

　　基于上文对陆海系统的论述可以得出，陆地系统和海洋系统是联系紧密的两个主体，随着技术进步对于海洋效益的使用能力不断提升，海洋与陆地间的合作和竞争潜力将更加频繁，二者在耦合中对系统的贡献能力同步提升。从经济合作的角度考虑，陆地与海洋的经济生产本可以相对独立，但是相对比较优势使二者的组合效益成为系统性发展的主要推动力。本书研究的是陆海系统发展陆地与海洋两大共生主体间的共生关系，因此二者作为彼此自然生长的主导因素。在构建模型之前，假设产量的变化是内生主体的演化结果，其主要受到系统内生要素和共生环境的影响，因此通过引入内生变量和交互影响变量，可以模拟出两主体共生模式的演进方式。

　　设海洋和陆地能量产出分别为 G_1 和 G_2，考虑到经济作为两者共生关系的根本目标，因此以经济产出替代，两系统的自然增长速度用 r_1 和 r_2 表示，而外界因素如技术、资本、人力和环境等因素的影响也会影响系统增长趋势，假设共生环境的容量分别为 T_1 和 T_2，两主体的演化可以用 Logistic 共生函数表示为：

$$
\begin{cases}
\dfrac{dG_1(t)}{dt} = r_1 \left[1 - \dfrac{G_1(t)}{T_1} + \beta_{12} G_2(t) \right] G_1(t) \\[3mm]
\dfrac{dG_2(t)}{dt} = r_2 \left[1 - \dfrac{G_2(t)}{T_2} + \beta_{21} G_1(t) \right] G_2(t)
\end{cases}
\tag{4-1}
$$

　　式（4-1）中：$1 - \dfrac{G_1(t)}{T_1}$ 和 $1 - \dfrac{G_2(t)}{T_2}$ 分别表示两共生主体的阻碍因

　　[1]　吴勇民，纪玉山，吕永刚. 金融产业与高新技术产业的共生演化研究——来自中国的经验证据 [J]. 经济学家，2014（7）：92-92.
　　[2]　赵红，陈绍愿，陈荣秋，等. 生态智慧型企业共生体行为方式及其共生经济效益 [J]. 中国管理科学，2004，12（6）：130-136.

子，主要与共生环境的容量规模和自身所处阶段的对比有关，表示在资源、环境、制度等约束条件下系统因子不能无节制自然生长，而是向某一稳定状态收敛。β_{12}和β_{21}分别表示海洋和陆地对彼此的共生影响系数，本章主要探索二者取值来反映在共生系统中的相处模式。

若β_{12}和β_{21}均大于零，说明海洋与陆地之间存在正向共生模式，当取值相等时表明两主体就能在共生系统中获取均衡额外收益，即正向对称共生，若取值不等，系数较大的一方说明其能够给对方转移更多收益，表现出正向非对称共生。

若β_{12}和β_{21}均等于零，说明海洋与陆地之间是完全独立的主体，并未组成典型共生系统。

若β_{12}和β_{21}中有一项大于零，另一项小于零，说明两共生主体处于寄生共生模式，大于零的一方通过吸收另一方的能量获得增长，而系数为负的则处于被寄生状态。

若β_{12}和β_{21}一项大于零，另一项等于零，说明海洋与陆地存在正向偏离共生模式，系数大于零的主体能够获取共生衍生出的新能量，而等于零的一方无法收益。

若β_{12}和β_{21}一项小于零，另一项等于零，说明海洋与陆地存在反向偏离共生模式，系数小于零的主体在共生过程中效益损失，其另一方并未从中获利。

将海洋与陆地作为相互依存的两大主体，其构成的共生系统能够拟合Logistic模型对于种群演化过程中呈现的多阶段、动态化和复杂性发展趋势，考虑到主要参数处于动态变化，所以参照现有研究采用分时段叠加变化Logistic模型对上式进行处理①，根据不同时段中两主体的演化趋势，计算出任意两个时间段i与i+1内海洋与陆地种群密度的增量分比为：

$$\begin{cases} \nabla G_1(t_{i+1}) = G_1(t_{i+1}) - G_1(t_i) \\ \nabla G_2(t_{i+1}) = G_2(t_{i+1}) - G_2(t_i) \end{cases} \tag{4-2}$$

① 陈彦光. 人口与资源预测中 Logistic 模型承载量参数的自回归估计 [J]. 自然资源学报，2009，24（6）：1105-1114.

其平均值分别为：

$$
\left[
\begin{array}{l}
\overline{G_1(t_{i+1})} = \dfrac{G_1(t_{i+1}) + G_1(t_i)}{2} \\[3mm]
\overline{G_2(t_{i+1})} = \dfrac{G_2(t_{i+1}) + G_2(t_i)}{2}
\end{array}
\right.
\qquad (4-3)
$$

其边际斜率可以表示为：

$$
\left[
\begin{array}{l}
\angle G_1(t_{i+1}) = \dfrac{\nabla G_1(t_{i+1})}{\nabla t} \\[3mm]
\angle G_2(t+1) = \dfrac{\nabla G_2(t_{i+1})}{\nabla t}
\end{array}
\right.
\qquad (4-4)
$$

在此基础上可以对 Logistic 共生函数进行扩展，表示为：

$$
\left\{
\begin{array}{l}
\dfrac{\nabla G_1(t)}{\nabla t} = r_1 \left[1 - \dfrac{\overline{G_1(t_{i+1})}}{T_1} + \beta_{12}\overline{G_2(t_{i+1})} \right] \overline{G_1(t_{i+1})} \\[4mm]
\dfrac{\nabla G_2(t)}{\nabla t} = r_2 \left[1 - \dfrac{\overline{G_2(t_{i+1})}}{T_2} + \beta_{21}\overline{G_2(t_{i+1})} \right] \overline{G_2(t_{i+1})}
\end{array}
\right.
\qquad (4-5)
$$

在陆海共生系统中，共生主体的演化趋势不仅与其自身规模数量代表的权力有关，而且与不同共生模式下创造能量的大小和其转换模式有关。在以 Logistic 模型模拟的共生系统演化中可以将系统演化界面分为两部分：一是共生主体内生因素导致的规模数量的增加，表现出当地生产与再生产造成的增加值提升；二是共生系统所处的共生环境容量的提升，表现出资源环境对经济扩张的支撑能力扩张。若以第一个方面作为评判标准，共生主体的规模数量将在无约束条件下有序扩张，表现出自然性增长率 r 的变化，被称作 a 选择。在共生环境的限制下，共生主体处于容量固定的完全密度制约条件，其演化速率随容量 k 的变化而变化，被称作 b 选择。陆海共生系统的演化受两种选择的共同影响，不会无节制指数提升，但共生密度通常与系统共生过程中能量增加与损耗的平衡性有关，当二者达到相对均衡时，此时能量使用体现出混合选择，其选择系数可以表示为：

$$
\varepsilon_i = r_i' / T_i' = a/b
\qquad (4-6)
$$

若 ε 大于1，共生主体演进更多的是依靠自身要素的投入，实现生产的规模效应；若 ε 小于1，共生主体演进将更多依靠技术提高以提升资源环境使用效率。

三、共生结果分析

根据第二节对于海陆系统共生模型的构建，可以对我国沿海省份海洋与经济的共生演化结果进行计算。考虑到海陆矛盾主要是以经济收益为主要目的，因此海洋系统选取海洋经济产值作为衡量指标，陆地系统则选取除去海洋经济产值的区域经济总产值作为衡量标准，限于经济的可得性和可比性，数据来源于 1999～2017 年《中国海洋统计年鉴》和《中国统计年鉴》，部分缺失数据来源于当年各省《海洋经济统计公报》。

在方法运用上，首先计算出各省份在 1999～2017 年海洋主体与陆地主体的增量数据（见表 4-3 和表 4-4）。

表 4-3   **1999～2017 年全国及各省海洋经济增量**

年份	$\nabla G_{海洋}$											
	合计	天津	河北	辽宁	上海	江苏	浙江	福建	山东	广东	广西	海南
1999	382	11	-4	2	135	-29	27	67	58	105	7	2
2000	483	35	13	49	82	4	26	26	3	219	11	16
2001	3100	130	47	36	24	26	204	265	103	428	11	32
2002	1816	147	12	97	97	50	479	353	154	151	29	7
2003	1473	152	55	84	123	231	94	307	482	242	-94	36
2004	3181	483	97	389	1111	112	748	394	461	1039	64	75
2005	3051	396	45	107	340	174	373	-235	480	1313	26	30
2006	4465	-78	768	439	1692	548	-442	240	1261	-175	153	61
2007	3853	232	140	281	333	586	388	547	798	419	43	60
2008	4589	287	164	315	471	241	433	398	869	1293	55	58
2009	2615	270	-474	207	-588	603	715	514	474	836	45	44
2010	7296	864	231	339	1021	834	492	481	1255	1593	106	87

续表

年份	∇G海洋										
	合计	天津	河北	辽宁	上海	江苏	浙江	福建	山东	广东	广西	海南
2011	5923	498	299	726	394	702	653	601	955	937	65	94
2012	4549	420	171	46	328	470	411	199	943	1316	147	99
2013	4268	615	120	350	359	198	310	545	724	777	138	131
2014	6386	478	310	175	−57	669	180	952	1592	1946	122	19
2015	4835	−109	75	−388	510	511	578	1095	1134	1213	109	102
2016	5738	−253	156	191	552	899	731	928	863	1457	103	116
2017	6339	−410	267	180	1223	217	853	1197	715	1900	67	130

表 4 – 4　　　　　　　　　　**1999～2017 年全国及各省陆域经济增量**

年份	∇G陆地										
	合计	天津	河北	辽宁	上海	江苏	浙江	福建	山东	广东	广西	海南
1999	2904	103	317	288	211	527	350	153	442	440	43	31
2000	5393	154	507	449	435	882	646	344	878	980	86	32
2001	1847	57	−47	328	376	906	508	69	793	466	170	16
2002	5507	77	1022	328	361	1068	568	75	960	1062	195	30
2003	9344	244	921	460	718	1597	1505	243	1401	1613	373	30
2004	12808	1	1573	481	89	2831	1100	427	2594	1375	521	24
2005	17728	370	1283	1030	1364	2728	1821	750	2546	5014	729	95
2006	15216	740	796	803	−480	2792	2747	806	2300	4013	600	97
2007	21316	459	1909	1491	1489	3510	2650	1088	3090	4461	1084	111
2008	23164	1017	2315	2123	1039	4330	2273	1176	4238	3319	1161	178
2009	17153	897	1521	1544	1936	3542	789	899	2350	2950	543	151
2010	31161	840	2928	2907	1099	6135	4241	2020	4019	4938	1705	324
2011	37183	1585	3823	3044	1636	6983	3943	2222	5237	6260	2086	365
2012	22295	1167	1889	2574	658	4478	1936	1943	3708	2542	1167	233
2013	24052	861	1607	1881	1061	4905	2593	1513	3947	4319	1205	160
2014	22470	879	810	1374	2022	5258	2425	1344	3150	3700	1173	336
2015	17531	920	310	430	1045	4517	2135	828	2441	3789	1021	99
2016	17939	1600	1865	−6823	1791	5071	2867	1612	3143	5243	1339	226
2017	40599	1120	3906	1725	1444	9597	4431	2582	4955	8467	2084	288

从增量变化来看，不论从全国总体还是分省来看，我国海洋系统和陆地系统都处于稳定增长阶段，除天津海洋经济在 2015～2017 年的增量长期为负以外，其他地区虽在部分年份出现增量为负阶段，但绝对增量仍处于不断增长阶段，从单主体的增长趋势无法看出二者共生关系，将相关数据导入 MATLAB 软件，将海洋主体与陆地主体能够承载的经济密度的最大共生环境容量与密度分离出来，并借助 Nelder – Mead simplex 方法对分时段叠加 Logistic 共生演化模型的各个参数进行估计，主要得出两主体的外生环境容量 k 与自生增长速率 r，以及彼此的共生影响系数 β，结果如表 4 – 5 所示。

表 4 – 5　　　　　　　　　　　主要参数估计结果

参数	β_{12}	β_{21}	r_1	r_2	T_1	T_2
全国	0.0000	– 0.0002	0.284	0.218	125241	– 212542
天津	– 0.0003	– 0.0002	0.052	0.182	– 2135	– 3242
河北	0.0000	0.0000	0.341	0.018	1242	35214
辽宁	0.0000	– 0.0003	0.235	0.124	32524	– 21522
上海	– 0.0002	0.0003	0.152	0.171	42573	105354
江苏	0.0002	– 0.0001	0.252	0.197	4664	– 3515
浙江	0.0001	– 0.0011	0.102	0.213	3528	– 7521
福建	0.0002	0.0021	0.032	0.008	2478	1561
山东	0.0001	0.0003	0.125	0.358	57423	15248
广东	0.0000	– 0.0002	0.136	0.312	152384	– 263281
广西	– 0.0021	– 0.0001	0.278	0.312	– 1252	– 2511
海南	– 0.0003	– 0.0007	0.127	0.035	1582	– 2423

根据计算结果可以将我国总体与各省海陆系统的共生主体分为五类（见表 4 – 6），其中全国处于反向偏利共生阶段，其中陆地系统对海洋系统的影响系数为负，反映出在陆海统筹过程中陆地对海洋的胁迫作用明显，不仅导致海洋系统的收益造成损失，且陆地并未从海洋获取实质性收益。

表 4-6 各省份所处陆海系统共生模式

共生模式	能量转换	省份
正向非对称互惠共生	能量在两主体分配，但分配的概率不同	福建、山东
并生	共生双方相对独立，未从系统中获利	河北
反向偏利共生	共生一方在系统中能量损失，但另一方未获得转移能量	全国、辽宁
寄生共生	共生一方从系统获利，另一方则获得能量损失	上海、江苏、浙江
反向非对称共生	共生双方均损失能量，但损失不对称	天津、广西、海南

福建与山东处于正向非对称互惠共生，表示海洋与陆地能够从合作中获取收益的增加，且陆地的系数高于海洋，说明陆地对于海洋的支撑能力更高，近年来，两地不仅探索提升高新技术对于海洋经济溢出水平，在关键技术领域形成了较好的规模效应，而且将海洋作为区域经济社会发展的重要组成部分。山东半岛蓝色经济区和海峡西岸经济区的获批进一步明确了两地向海发展的战略目标。

河北属于并生模式，海洋与陆地间并未形成显著的系统耦合，既与当地经济结构中的海洋份额较少有关，也与当地海洋产业链中的整合需求较为低端有关。辽宁属于反向偏离共生模式，其中海洋属于能量外流阶段。近年来，辽宁通过调整海洋开发布局，由原本以海洋简单开发利用转变为以能源开采加工、船舶制造与滨海旅游共同发展的高端产业体系，与陆域产业结构较为契合，但受限于当地经济转型中路径依赖的阻碍作用较强，对传统粗放型海洋产品的需求使陆海关系仍不均衡，也阻碍了当地整体经济的转型升级。

上海、江苏和浙江属于寄生共生模式，其中江苏和浙江均表现出陆地对于海洋的利益剥夺，两地虽然工业化在全国处于领先地位，但是从海洋主体的环境容量为负来看，在追求经济收益最大化的过程中对于海洋资源和环境的开发水平已经超出当地环境自更新速度。上海的寄生关系刚好相反，表现出海洋对于陆地的利益吸收能力更强，主要是与当地陆域经济结构与海洋的关联性有关。上海地处长江口、杭州湾和海洋交汇地带，发达的航运体系使海洋产业集中于交通运输、滨海旅游和海洋产品研发等方面，陆域经济对于海洋资源的开发需求较小，且陆域发达的技术溢出有利于海洋新兴产业的培育与壮大，而海洋相对贫乏的基础设施需要陆地提供基础设施和技术转化空间，导致陆地收益向海洋转移。

天津、广西和海南均处于反向非对称共生模式，即陆地与海洋在合作工程中对彼此均有不利影响，天津虽具有港口与油气先决优势，但是还具有天然地热与湿地等生态涵养功能区，这种先天自然优势使海岸线的开发已经超出环境限制，陆域经济发展的束缚也开始显现，二者统筹面临空间环境的束缚。海南与广西虽然海洋资源丰富，但当地陆域基础设施尚不完备，海洋经济主要依靠资源指向性更强的旅游业、养殖业和开采业，在有限要素限制下，海洋与陆地仍处于竞争性开发阶段。

根据共生理论对海陆关系进行实证测算不仅能够消除定性研究造成的自主性和随意性，而且可以避免传统系统静态方法造成的系统动态演化被掩盖。根据结果可以看出，不论是总体还是临海省份，陆海间普遍存在不均衡关系，其中一方面是由于资源环境容量无法消耗经济扩张造成的负外部性增加，另一方面与陆海经济发展过程中权力分配不均导致的资源配置低效有关，因此陆海统筹要以合理布局生产生活密度和转变陆海发展地位两方面作为重点。

第五章 区域经济发展与海洋环境污染的关系分析 5

改革开放 40 多年以来，中国的区域经济形态成功地由计划经济向市场经济过渡，经济增长的驱动力也由自给自足的封闭经济向深度融合全球市场的开放经济转变，在此过程中，我国没有采取中东欧和俄罗斯等一些国家和地区的"休克"疗法，通过硬性政策直接扭转国家的经济体制，而是通过社会主义制度引领、不断探索的方式放开市场准入门槛，引入社会力量，近年来，凭借丰富的资源禀赋优势和成本优势，我国在原有经济社会基础上成功建立起商品市场、劳动力市场、土地市场、技术市场和资本市场，并以此不断完善了社会主义市场体系，助推了区域城镇化、工业化和农业现代化进程。

市场化改革不仅极大释放了我国产业生产和社会生活的参与活力，而且也在资源配置和政策调控过程中影响了地方执政者和微观主体的经济决策和行为，进而改变了区域经济的地理格局和演化态势，其中沿海区域作为改革开放先行区，凭借相对于国外的成本优势和相对于内陆地区的可达性优势，形成了以长三角、珠三角和京津冀为代表的产业集聚和人口集聚区，根据 2019 年《中国统计年鉴》，上海、广东、江苏和浙江等地城镇化率已经超过或者接近 70%，工业化水平也达到了发达国家标准。

需要注意的是，虽然我国在经济和社会领域取得了诸多成就，但长时间高速增长的背后则隐藏着诸多发展矛盾，一方面城乡二元结构突出、区域差距过大，大城市病显现等经济社会问题均是由于本应自然发育的经济体系在一系列政策驱动下严重压缩；另一方面产业结构和商品结构的快速提升很大程度上依赖于要素堆积和资源重组形成的规模效益，这种发展成就是建立在对资源环境系统产生胁迫的基础上，导致长期以来人类经济社会系统与经济系统存在不协调状态。而沿海地区经济尤其是海洋经济的发展更加依赖于海洋资源环境的容纳能力，主要包括对各类用水产业的容纳能力；海洋环境的自净能力；海洋水环境废水体量的容纳能力①。随着沿海城镇化和工业化进程日益加快，经济社会活动对海洋环境的容纳需求增多，但海洋在自身容纳水平下具有一定更新周期，就导致了以城镇化和工业化为典型的人类活动与海洋环境的诸多矛盾，例如，随着机械化养殖技术和培育技术的普及，诸多区域形成了规模化渔场，过大的养殖密度和化学药剂的使用使沿海水体的富营养化加剧，进而影响产品质量和养殖效益。

第一节　近海地区经济社会活动的资源环境基础

在我国工业化发展的地域空间结构中，城镇既是要素整合和生产生活功能的主要载体，也是资源消耗和环境污染的重要容纳地。由于资源消费环境的公共性，城镇经济社会发展对于资源环境的消费能力要远远超出自身边界的地域束缚。对于沿海省份而言，由于海水天然的流动性，人类活动对于海洋资源环境依赖性既与陆海生态经济系统的整体服务能力相一致，又在比较优势选择中表现出对海洋服务功能更强的依赖性，因此临海省份城镇化和工业化的资源环境基础应从陆海的整体规模和结

---

① 李莲秀．郑州"三化"发展下的水环境容量问题研究［J］. 2014，16（3）：67－70.

构加以分析。

尽管受禀赋和政策引导等因素影响，不同地区城镇发育和产业发展路径具有时空一致性，但在不同发展阶段对于资源环境的需求结构会表现出一定共性规律，如农业经济发展时期可用土地和稳定自然环境是中心城镇培育的主要基础。随着开采技术进步以及工业化对于能源资源的需求增大，为降低通勤和交易成本，人类经济活动偏向集中于收益率更高的能源开采区，此时城镇建设更多以经济规模收益为主要驱动力，使环境的自更新价值被削弱。而随着产业链分工更加细化，技术偏向性的行业能够获得更多利润，使得中心城市为吸引更多资金、人才、技术等先进资源，转而注重维护资源环境的游憩价值。在这种一致需求规律的驱动下，资源环境基础是工业化和城镇化脆弱性的重要影响因素。

沿海省份的资源环境基础与改革开放下的工业化进程相适应，改革开放前期，由于我国工业布局多以三线建设和独立工业体系为目标，因此沿海省份并未形成明显的工业集聚，传统作坊式生产多以农业产出为再加工对象，此时传统土地资源开发和近岸养殖的不科学扩张使土地和海洋原本脆弱的资源环境基础面临过度开发的威胁，但受制于开发技术和区域产业定位，沿岸石油矿产等能源类资源潜能较为完整，海洋环境污染度较为单一。进入 20 世纪 70 年代，一方面改革开放解放了沿海民营生产力；另一方面国家产业开始向东部布局，据统计，我国 20 世纪 70 年代新引进的 47 个成套项目中有 24 个布局在东部沿海省份[1]，且多集中于海水和淡水资源较为丰富，资源配套和产业协作较为方便的区域，此时快速的经济增长和大规模能源资源的开发虽然缓解了我国资源环境紧缺困境，但由于缺乏可持续和陆海统筹的资源开发思路，使海洋环境的自更新进一步降低。就现实而言，我国临海区域的资源环境基础主要体现在总量丰富、结构性特征明显、人均和相对量较少、使用损耗高等方面。

---

① 刘海涛. 建国后 30 年实行区域均衡发展政策的情况 [J]. 当代中国史研究, 1997 (6): 236.

一、总量丰富

　　作为世界上经济体量最大、增速最快的发展中国家，我国资源环境基础总量也处于世界领先水平，沿海省份凭借相对平稳的地理格局和发达的水利结构，在林业、农业耕地、湿地等方面均具有较好的资源基础，且凭借海洋丰富的矿产储备，2017 年仅海洋石油产量就达到全国28.2%，其余海洋能源资源的贡献潜力也较大（见表 5 - 1）。

表 5 - 1　　　　　我国临海区域资源环境总量及占全国比例　　　　单位：%

地区	林业用地面积/万公顷	耕地面积/千公顷	湿地面积	其中：近海和海岸	草原总面积	海洋资源利用			
						海洋石油/万吨	海洋天然气/亿立方米	海洋矿砂/万吨	海洋盐业/万吨
天津	15.62	436.80	295.60	104.30	146.60	3113.82	28.98	0	168.72
河北	718.08	6518.90	941.90	231.90	4712.10	219.84	7.76	0	344.73
辽宁	699.89	4971.60	1394.80	713.20	3388.80	52.99	0.20	0	139.53
上海	7.73	191.60	464.60	386.60	73.30	32.52	12.40	0	0
江苏	178.70	4573.30	2822.80	1087.50	412.70	0	0	0	84.10
浙江	660.74	1977.00	1110.10	692.50	3169.90	0	0	2591.10	7.56
福建	926.82	1336.90	871.00	575.60	2048.00	0	0	204.00	26.50
山东	331.26	7589.80	1737.50	728.50	1638.00	309.20	1.17	1327.70	2345.66
广东	1076.44	2599.70	1753.40	815.10	3266.20	1687.98	96.73	0	12.27
广西	1527.17	4387.50	754.20	259.00	8698.30	0	0	494.40	0.80
海南	214.49	722.40	320.00	201.70	949.80	0	0	204.10	9.06
总计	6356.94	35305.50	12466.00	5795.90	28503.70	5416.35	147.24	4821.30	3138.93
全国	31259.00	134881.20	53602.60	5795.90	392832.70	5416.35	147.24	4821.30	3138.93
占全国比例	20.33	26.17	23.26	100	7.26	100	100	100	100

　　资料来源：《中国统计年鉴（2017）》和《中国海洋统计年鉴（2017）》。

二、结构性特征明显

与其他地区相比，尽管临海区域部分资源具有禀赋优势，但其要素组合形式还存在诸多差异，如森林和耕地面积比重较高，但草原面积比重较低。虽然能源与矿产两大生产性资源占据比重较高，但更集中于以海洋储量作为供给对象，天然气、铁矿石和稀有土矿等生活和工业必需物资更多依赖于跨区域调配。除此之外，若以人口和 GDP 在沿海区域的占比作为参照，区域间资源环境基础也存在较大差异（见表 5-2），如天津和广东在石油和天然气等能源开采上的基础更为雄厚，而河北、辽宁和广西则在林业和耕地等陆域资源环境开发方面更具优势，江苏和山东由于岸线湿地和平原耕地较为丰富，经济社会发展中的空间环境更加充裕。

表 5-2 沿海各省份主要资源环境所占比重

地区	林业用地面积	耕地面积	湿地面积	其中：近海和海岸	草原总面积	海洋资源利用				参考指标	
						海洋石油	海洋天然气	海洋矿砂	海洋盐业	人口	GDP
天津	0.25	1.24	2.37	1.80	0.51	57.49	19.68	0	5.38	2.58	5.31
河北	11.30	18.46	7.56	4.00	16.53	4.06	5.27	0	10.98	12.44	9.75
辽宁	11.01	14.08	11.19	12.31	11.89	0.98	0.14	0	4.45	7.23	6.71
上海	0.12	0.54	3.73	6.67	0.26	0.60	8.42	0	0	4.00	8.78
江苏	2.81	12.95	22.64	18.76	1.45	0	0	0	2.68	13.28	24.60
浙江	10.39	5.60	8.91	11.95	11.12	0	0	53.74	0.24	9.36	14.83
福建	14.58	3.79	6.99	9.93	7.19	0	0	4.23	0.84	6.47	9.22
山东	5.21	21.50	13.94	12.57	5.75	5.71	0.79	27.54	74.73	16.55	20.81
广东	16.93	7.36	14.07	14.06	11.46	31.16	65.70	0	0.39	18.48	25.70
广西	24.02	12.43	6.05	4.47	30.52	0	0	10.25	0.03	8.08	5.31
海南	3.37	2.05	2.57	3.48	3.33	0	0	4.23	0.29	1.53	1.28

资料来源：《中国统计年鉴（2017）》和《中国海洋统计年鉴（2017）》。

三、人均和相对量较少

我国人口密度已达到世界人均水平的 3 倍，致使土地、水资源和矿产资源等核心要素仍不到世界平均水平的一半，与我国整体资源环境基础相类似，虽然临海区域资源储备和环境容纳规模较高，但作为人口迁移和产业集聚的主要目标地，区域内部人均占有的资源环境要素量显得更具局限性（见表 5-3）。根据 2018 年《中国统计年鉴》，2017 年，沿海省份人口占全国比重为 43.4%，GDP 占全国比重为 41.2%。但主要要素的人均占有量不如全国平均水平，林业和耕地等空间资源甚至仅约全国一半。

表 5-3　　　　　　　　2017 年临海区域与全国主要资源环境人均量

地区	林业用地面积（公顷/人）	耕地面积（公顷/人）	湿地面积	其中：近海和海岸	草原总面积	海洋资源利用			
						海洋石油（吨/人）	海洋天然气（万立方米/人）	海洋矿砂（吨/人）	海洋盐业（吨/人）
临海区域	0.11	0.06	0.21	0.10	0.47	0.09	0	0.08	0.05
全国	0.22	0.10	0.39	0.04	2.83	0.04	0	0.03	0.02

四、使用损耗高

长期农耕产业为资源要素的原始积累奠定了基础，但其低效的开发模式使土地、水以及海岸线的开发强度较低，很难通过空间的拓展进一步提高开发潜力。直至 20 世纪 50 年代，工业化的扩展使资源开发的广度和深度得以延展，但受当时技术和资金水平限制，使原本潜在边际收益更高的资源环境被无节制利用，造成落后产能过剩、大气污染和海洋溢油等问题。虽然近年来通过调整经济发展方式，通过产业结构升级来提升技术贡献率和资源环境的贡献效率，但庞大的人口对于环境要素持续性的需求使现有城市体系的使用无法直接突破原有发展路径，造成资源损耗和环境恢复压力依然巨大。如 1998 年长江流域洪水、2002 年北方沙尘暴、2008～2012 年连续 5 年在黄海爆发的绿潮均是由于资源环境使用低效造成了负外部性影响。

第二节　我国陆地活动的海洋环境效应分析

一、陆域活动的关注

2001 年诺贝尔经济学奖获得者斯蒂格利茨将中国的城镇化与美国的技术革命合称为影响 21 世纪的两件大事[①]。中国沿海区域的城镇化进程随着人口的不断迁徙表现出较的集聚态势更加突出，且在全球化不断深化中进一步支撑起了区域工业化的快速提升，但在过快增长的基础是规模人口对空间资源的过度掠夺，其中海洋环境与资源对于沿海地区的依赖性更为突出，随着中心城市对于人口户籍的政策性限制不断放松，在比较收益的拉动下更多中西部剩余人口向东部转移，甚至出现上海等核心城市流动人口数量超过户籍人口的现象，这将进一步增大海洋环境污染容纳和资源供给的压力，因此如何在科学推进城镇化过程中尊重海洋环境的发展规律是需要重点关注的议题。

随着城镇化引发的环境问题日趋严峻，进入 21 世纪以来学者们从不同角度对城镇化的环境效应进行了研究。其中部分学者基于多种类型的地区，运用动态耦合的方法对城镇化与生态环境的协调状态进行多角度模拟。

---

① 张新华，杨升祥，任淑艳，等. 中国共产党 90 年研究文集：新中国城市化的历史进程与基本经验 [C]. 北京：中央文献出版社，2011.

刘耀彬等（2005）选取中国省域尺度的数据研究了城镇化与生态环境两大系统的耦合进程，结果显示两者存在相互约束的状况，且其耦合状态与我国传统中东西的经济梯度相拟合。谭俊涛等（2015）选取以东部地区典型省份吉林省为研究对象，在选取状态、响应、压力等指标的基础上，研究得出城镇化与生态环境的耦合从基本不协调向高级协调转变，且滞后项由城镇化转为生态环境。朱海强（2019）等则选取丝绸之路核心区，细分研究城镇化与水资源、土地资源、气候、能源能耗与碳排放、生物多样性等生态环境因子的交互耦合关系，认为其生态化质量较为滞后，且生态环境在敏感性和承载力方面存在诸多问题。此外，部分学者选取某一特定形态的生态环境因子，研究城镇化导致的环境效应改变，如方创琳等（2004）通过选用系统动力学模型，对黑河流域水—生态—经济系统中各子变量的状态进行模拟，并制定相应发展方案。郭月婷等（2012）则使用模糊物元的分析模型，对淮河流域沿岸 35 个地级市城市化 – 生态系统系统的耦合协调度进行分析，发现二者协调性在不同城市存在较大差异，且生态环境子系统的差异性较小，但二者的协调耦合状态在明显改善，整体功效和协同的效用较高。

通过研究，学者们普遍发现水环境是城镇化进程中重要的胁迫因素，因为人类经济社会活动不仅需要足够的水资源承载能力，而且水文系统会在城镇化活动的胁迫中形成反馈，并进一步影响城镇化的空间分异过程[①]。麦克唐纳（Mcdonald）等研究发现大城市是全球水资源的主要消耗地，在地表供水体量中占据约 78%，因此水资源和水环境的压力主要来自主要城市[②]。

另有部分学者从空气、水体、土地、森林等单方面环境元素入手研

---

①　Varis O. , Somlyody L. Global urbanization and urban water: Can sustainability be afforded? [J]. Water Science & Technology, 1997 (9): 21 – 32.

②　Mcdonald R. I. , Weber K. Padowskl J, et al. Water on an urban planet: Urbanization and the reach of urban water infrastructure [J]. Global Environmental Change. 2014 (1): 96 – 105.

究其作用效用。申文静等通过将城镇划分为土地城镇化和人口城镇化之后，发现城镇化对于水环境的影响存在差异变化，其中人口城镇化在水环境污染中的作用为正但效用较小，土地城镇化则根据城市发展规模表现出先抬升后降低再升高的 N 形作用关系[1]。

二、海洋环境污染的主要因素

据统计，除海上资源开采和突发泄露事件以外，我国海洋环境污染主要来源于陆地活动，而沿海区域作为人口活动和经济密度最为发达的地区，在借助临海优势扩大资源整合力的同时，也在工业化提升与城镇化扩张下对海洋环境造成了较大的威胁。学者基于经典库兹涅兹曲线对经济发展和环境质量关系进行了大量研究，但多集中于从宏观区域尺度对其污染差异性进行对比，抑或是对微观企业的污染结构进行评价。随着资源开采技术不断深化，沿海经济活动对于海洋环境的干预能力仍在不断提升，需进一步对二者关系进行梳理，以实现经济社会发展与环境质量间达到公平与效率兼容。

从陆地人类活动的形式划分，我国近岸海域污染物主要来源于三种，一是农业生产排放，二是工业生产排放，三是生活废品排放。随着近年城市建设对于海洋景观的需求不断提升，传统以工业污染为主体的污染结构逐渐向多元化转变。

（一）河口区域成为腹地农业污染的主要输送源

根据国家 2011 年颁布的我国第一部《全国主体功能区规划》规定，我国农业主产区主要分布于河口周边的冲积平原区域，如黄河三角洲所在的华北平原、辽河河口所在的松辽平原是我国传统粮仓，长江河口和

---

① 申文静，谢学飞. 城镇化进程对水环境污染的影响及区域差异分析 [J]. 价格工程，2019（20）：287 – 290.

珠江河口也是我国主要的水稻主产区，农产品围绕河流种植不仅能够获得丰富的灌溉水源，而且也会通过土壤入渗将化肥、粪便等未分解污染物带入海洋，直接加重了海洋污染。

（二）工业要素的规模属性加剧了近岸环境压力

我国自改革开放以来形成的产业体系使传统以资源禀赋支撑的产业空间布局向市场区位和范围经济趋近，在国际市场拉动下大批人口和工业中间品在沿海集聚并衍生出规模经济，并支撑起辽东半岛、京津冀、长三角和珠三角等诸多新兴工业基地。而且随着资源开发和开采技术日益完备，以海洋化工、工程制造、油气开发为主要形式的海洋活动对于陆地上下游产业的需求更为复杂，进一步带动了重工业向沿海靠拢，而此类产业多属于资金技术密集型和资源密集型产业，具有投资成本高、能源消耗大、附加产品多等特点，需要一定的资源环境容纳能力。近年来随着港口服务能力不断提高，以港口群为依托的工业制造业集聚区和贸易加工区更加向海岸线集中，使海湾、河口、深水港等生态敏感区域成为海洋环境污染的重灾区。

（三）海滨城市建设强度加大岸线生态恢复压力

近年来随着海洋游憩功能的盛行，再加上海洋产业在海岸线集中布局，我国沿海城市为了实现城市生活功能的升级和加快产城融合进程，普遍制定了向海发展的城市发展路径。自上海提出"南下临海战略"以后，天津、青岛、连云港、唐山等均提出了建设滨海新城的战略规划，以宁波市为例，截至 2019 年宁波就提出建设前湾新区、梅山新区、北仑新城、南湾新区等诸多滨海城区，虽一定程度缓解了中心城区要素堆积导致的诸多城市问题，但城市功能的累积同样会对岸线生态环境造成较大侵蚀，如上海临港新城在规划的 296.6 平方公里内，原有的建设用地仅为 13.6%，其余多为水域和耕地，占比达到近 60%，另有滩涂面积占比达到 28.5%①，新城开发给当地海洋环境造成诸多威胁：为拓展城市发展空间，大量围填海会导致滩涂、浅海、岛屿等生态功能退化；城市旅游资源开发减少海洋生物的活动空间；城市生活污水排放是海洋水体质量快速恶化；临岸养殖活动投放过多饲料使水体富营养化，赤潮、绿潮等突发性生态现象时有发生。

根据 2018 年公布的《中国海洋生态环境状况公报》，在监测的全国 61 个沿海城市中，达到优级水质的城市数量为 25 个，占比仅为 41%，营口、天津、东营、南通、宁波、台州、宁德、潮州和江门等城市的水质等级为差，另有盘锦、潍坊、上海、嘉兴、舟山、深圳、中山和珠海的水质为极差，水质的海域分布进一步验证了城市建设对于海洋环境的消极影响。

（四）复杂岸线加剧周边地区环境压力

一些特殊的自然状况也会进一步加剧城市和产业的向海发展所造成的海洋环境问题，如在海湾、河口等经济活跃区，虽然能够享受更多的岸线资源，但多处在三面环陆、一面环海的相对封闭状态，不仅纳潮量有限，而且湾区内部风力环境相对稳定，使来自陆地上持续的污染物排放参与外界水体扩散稀释较慢，水域的自净能力得到限制。我国岸线资源复杂，曲折的海岸带构造出较多海湾和河口，杭州湾、渤海湾等诸多湾区虽然不断探索通过改造岸线废弃土地、恢复湿地功能、开展海湾综合整治等活动，但现有污染状态仍严重威胁海域生态安全红线，给近岸环境造成了较大威胁。

与海湾相类似，河口区域也是海陆环境系统交汇密集地，且对于海洋环境的影响更为严重。根据 2016 年《中国近岸海洋环境质量公报》对入海河流监测断面水质状况的统计，参与监测的 192 个入海河流断面中尚无 I 类水质的样点，II 类水质断面有 26 个，III 类水质断面数量为 64 个，

---

① 资料来源：中国（上海）自由贸易试验区临港新片区管理委员会网站。

Ⅳ类水质断面数量为49个，Ⅴ类水质断面数量为20个，劣Ⅴ类水质断面更是达到33个（见图5-1）。作为陆源污染的运输媒介。河口几乎集结了流域生产生活的大部分污染物，且其凭借较为丰富的营养物质含量吸引了更多海洋生物集结，在环境功能、生产功能和涵养功能的集结区，污染堆积对于生物多样性的影响将更加突出。

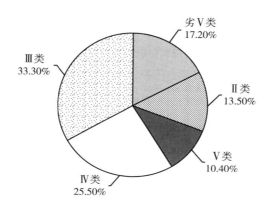

图5-1　入海河流监测断面水质状况分类

资料来源：2016年《中国近岸海域环境质量公报》。

第三节　沿海区域城镇化和工业化状态及分类演化

一、沿海区域城镇化状态及分类演化

城镇化作为我国调整区域产业结构、提升农村生产效率、扩大国内消费及实现资源优化配置的重要手段，近些年受到了政府和学术界的高度重视，我国自改革开放以来实施了以土地扩张和人口转移为主要途径的城镇化道路，虽然取得了诸多成就，但出现了社会职能滞后于经济扩张、城乡二元结构扩大、区域差距变大、社会福利分配不均等诸多矛盾，因此国家提出建设更高水平的新型城镇化，学术界也在不断深化理解中赋予了新型城镇化更多内涵。因此根据数据的可得性和可比性，以《中国统计年鉴》为基础，在遴选城镇化评价指标时从人口、经济、社会三方面选取了 2011～2017 年人均国内生产总值、人均可支配收入、人均道路面积、每万人拥有公共汽车数、地方一般公共预算收入、年末城镇人口比例、第二产业产值比例和第三产业产值比例反映城镇化水平。以 2017 年为例，列出研究沿海区域的各项指标数值（见表 5 - 4）。

表 5 - 4　　　　　　　2017 年沿海省份城镇化评价相关指标

地区	人均道路面积/平方米	每万人拥有公共汽车/辆	分地区居民人均可支配收入/元	地方一般公共预算收入/亿元	年末城镇人口比例/百分比	第二产业产值比例/百分比	第三产业产值比例/百分比	人均GDP/元
天津	17.41	19.64	37022.30	2310.36	82.93	40.82	58.01	118944
河北	18.88	15.34	21484.10	3233.83	55.01	48.43	41.82	45387
辽宁	13.68	13.23	27835.40	2392.77	67.49	39.25	51.63	53527
上海	4.51	13.94	58988.00	6642.26	87.70	30.70	68.97	126634
江苏	25.62	17.42	35024.10	8171.53	68.76	45.00	50.25	107150
浙江	17.28	16.93	42045.70	5804.38	68.00	43.41	52.69	92057
福建	17.41	15.85	30047.30	2809.40	64.85	48.83	43.61	81677
山东	25.13	16.36	26929.90	6098.63	60.58	45.30	47.99	72807
广东	12.86	15.30	33003.30	11320.35	69.85	42.94	52.84	80932
广西	17.56	10.74	19904.80	1615.13	49.21	45.59	40.16	38102
海南	18.22	13.54	22553.20	674.11	58.04	22.34	55.71	48430

资料来源：《2018 年中国统计年鉴》。

城镇化综合水平评价可以用公式 $S_i = \sum_{j=1}^{m} w_j x_{ij}, i = 1, \cdots, n$ 计算得出，其中 w_j 表示第 j 个指标的权重，x_{ij} 为标准化后的指标。本研究采用熵权法确定各个指标的权重，在信息论中，熵是对不确定性的一种度量。不确定性越大，熵就越大，包含的信息量越大；不确定性越小，熵就越小，包含的信息量就越小。根据熵的特性，可以通过计算熵值来判断一个事件的随机性及无序程度，也可以用熵值来判断某个指标的离散程度，指标的离散程度越大，该指标对综合评价的影响（权重）越大。熵值法的步骤如下：

（1）假设存在 n 个样本，m 个指数，则 x_{ij} 为第 i 个样本的第 j 个指数的数值$(i = 1, \cdots, n; j = 1, \cdots, m)$。

（2）指标归一化处理。

正指标计算公式：

$$x'_{ij} = (x_{ij} - x_{ijmin})/(x_{ijmax} - x_{ijmin}) \tag{5-1}$$

负指标计算公式：

$$x'_{ij} = (x_{ijmax} - x_{ij})/(x_{ijmax} - x_{ijmin}) \tag{5-2}$$

为了方便起见，归一化后的数据 x'_{ij} 仍记为 x_{ij}；

（3）计算第 j 项指标下第 i 个样本值占总量的比重。

$$p_{ij} = \frac{x_{ij}}{\sum_{i=1}^{n} x_{ij}}, i = 1, \cdots, n, j = 1, \cdots, m \tag{5-3}$$

（4）计算第 j 项指标的熵值。

$$e_j = -k \sum_{i=1}^{n} p_{ij} \ln(p_{ij}), j = 1, \cdots, m \tag{5-4}$$

其中，$k = 1/\ln(n) > 0$。（满足 $e_j \geq 0$）

（5）计算信息熵冗余度（差异）。

$$d_j = 1 - e_j, j = 1, \cdots, m \tag{5-5}$$

（6）计算各项指标的权重。

$$w_j = \frac{d_j}{\sum_{j=1}^{m} d_j}, j = 1, \cdots, m \tag{5-6}$$

（7）计算各样本的综合得分。

$$S_i = \sum_{j=1}^{m} w_j x_{ij}, i = 1, \cdots, n \tag{5-7}$$

其中，x_{ij} 为标准化后的数据。

根据以上步骤，通过 SPSS 得到 2011~2017 年沿海省市城镇化水平结果（见表 5-5）。

表 5 - 5　　　　　　　　　**2011 ~ 2017 年沿海省市城镇化水平**

省份	2011 年	2012 年	2013 年	2014 年	2015 年	2016 年	2017 年
天津	0.566	0.581	0.621	0.632	0.644	0.659	0.739
河北	0.332	0.362	0.369	0.375	0.389	0.404	0.445
辽宁	0.424	0.452	0.469	0.485	0.471	0.434	0.493
上海	0.571	0.591	0.614	0.628	0.652	0.694	0.865
江苏	0.527	0.549	0.593	0.633	0.669	0.694	0.755
浙江	0.471	0.483	0.518	0.534	0.556	0.586	0.685
福建	0.386	0.392	0.418	0.452	0.475	0.492	0.572
山东	0.434	0.486	0.503	0.517	0.544	0.558	0.592
广东	0.488	0.537	0.551	0.572	0.614	0.639	0.741
广西	0.273	0.289	0.306	0.319	0.334	0.345	0.359
海南	0.315	0.332	0.492	0.352	0.364	0.375	0.412

资料来源：根据 SPSS 软件计算而得。

从表 5 - 5 可以得到上海的城镇化水平最高，于 2017 年达到了 0.865；江苏和天津紧随其后，2017 年的城镇化水平分别为 0.755 和 0.739。为使其变化更具直观性和深刻性，借助 ArcGIS 统计学分析方法及空间制图分析功能，选取了 2011 年、2014 年、2017 年的城镇化水平指标，使用 Natural Break 分级方法，对各省份的得分进行等级划分（见表 5 - 6）。

表 5 - 6　　　　　**2011 年、2014 年和 2017 年沿海地区城镇化水平分级**

省份	2011 年	2014 年	2017 年
辽宁	较低水平	较低水平	较低水平
天津	高水平	高水平	高水平
河北	低水平	较低水平	较低水平
山东	较低水平	较高水平	较高水平
江苏	高水平	高水平	高水平
上海	高水平	高水平	高水平
浙江	较高水平	较高水平	高水平
福建	较低水平	较低水平	较高水平
广东	较高水平	较高水平	高水平
广西	低水平	低水平	低水平
海南	低水平	低水平	低水平

如表 5-6 所示，2011 年，江苏、天津、上海的城镇化水平处于高水平；浙江、广东处于较高水平；辽宁、山东、福建紧随其后处于较低水平；河北、广西、海南处于城镇化低水平状态。在 2014~2017 年过去三年间，其他 10 个城市城镇化水平并未发生变动，只有山东的城镇化水平提高迅速，与浙江、广东一起位于较高水平。2014~2017 年，城镇化水平发生了巨大变化，广东与江苏、天津、上海一起变为高水平城镇化状态，福建和山东位于较高水平，河北、辽宁位于较低水平，广西、海南位于低水平状态。

二、沿海区域工业化状态及分类演化

由于我国工业开始从依赖本国自然资源为主的发展模式向依赖全球市场配置资源转化，所以我国工业开始越来越向沿海集中布局。然而不少重化工工业项目都具有高能耗、高污染的特点，在区域经济提升的同时对于海洋环境的影响更加明显。在规模收益和产业链整合需求拉动下，工业化更倾向于在沿海区域集聚，就将进一步加剧对近岸海域环境的胁迫。本章节选取了沿海 11 个省份在 2011~2017 年第二产业产值占 GDP 的比重，研究工业状态在各单元的演化趋势（见表 5-7）。

表 5-7 　　　2011~2017 年沿海省份第二产业占 GDP 比重

省份	2011 年 第二产业占 GDP 比重 （%）	2012 年 第二产业占 GDP 比重 （%）	2013 年 第二产业占 GDP 比重 （%）	2014 年 第二产业占 GDP 比重 （%）	2015 年 第二产业占 GDP 比重 （%）	2016 年 第二产业占 GDP 比重 （%）	2017 年 第二产业占 GDP 比重 （%）
河北	53.91	53.20	52.62	51.75	49.07	48.19	48.40
辽宁	55.30	53.90	52.10	51.00	46.20	39.30	39.30
江苏	51.80	50.70	49.20	48.00	45.70	44.70	45.00
上海	41.60	39.20	36.60	35.10	32.20	29.80	30.70
浙江	51.30	50.00	49.10	47.73	46.00	44.90	43.40
福建	51.60	51.70	51.80	52.00	50.30	48.90	48.80

续表

省份	2011 年	2012 年	2013 年	2014 年	2015 年	2016 年	2017 年
	第二产业占GDP 比重（%）	第二产业占GDP 比重（%）	第二产业占GDP 比重（%）	第二产业占GDP 比重（%）	第二产业占GDP 比重（%）	第二产业占GDP 比重（%）	第二产业占GDP 比重（%）
山东	53.50	52.10	50.30	49.10	47.50	46.10	45.30
海南	26.60	25.80	25.10	25.00	23.70	22.40	22.30
广东	49.80	48.50	47.34	46.34	45.50	43.50	42.90
广西壮族自治区	48.50	48.00	46.70	46.90	45.90	45.20	45.60
天津	52.90	52.20	50.90	49.70	47.10	42.40	40.80

资料来源：《中国统计年鉴》（2011～2017 年）。

为使各省工业化演化的比较更加直观，对原始数据按照以下公式进行归一化处理，结果如表 5 - 8 所示。

正指标计算公式：

$$x'_{ij} = (x_{ij} - x_{ijmin})/(x_{ijmax} - x_{ijmin}) \qquad (5-8)$$

负指标计算公式：

$$x'_{ij} = (x_{ijmax} - x_{ij})/(x_{ijmax} - x_{ijmin}) \qquad (5-9)$$

表 5 - 8　　　　　　　　　2011～2017 年沿海省份工业化水平

省份	2011 年	2012 年	2013 年	2014 年	2015 年	2016 年	2017 年
河北	0.958	0.936	0.919	0.892	0.811	0.785	0.791
辽宁	1.000	0.958	0.903	0.870	0.724	0.515	0.515
江苏	0.894	0.861	0.815	0.779	0.709	0.679	0.688
上海	0.585	0.512	0.433	0.388	0.300	0.227	0.255
浙江	0.879	0.839	0.812	0.771	0.718	0.685	0.639
福建	0.888	0.891	0.894	0.900	0.848	0.806	0.803
山东	0.945	0.903	0.848	0.812	0.764	0.721	0.697
海南	0.130	0.106	0.085	0.082	0.042	0.003	0.000
广东	0.833	0.794	0.759	0.728	0.703	0.642	0.624
广西	0.794	0.779	0.739	0.745	0.715	0.694	0.706
天津	0.927	0.906	0.867	0.830	0.752	0.609	0.561

资料来源：《中国统计年鉴》（2012～2018 年）。

从结果可得，沿海 11 个省份的工业化水平皆处于总体降低的趋势，有几个省份市有略微波动。主要是因为区域性产业结构在优化调整过程中，从第二产业驱动向第一、第二、第三产业协同带动转变，特别是随着社会对于现代服务行业等高端需求不断增加，第三产业在整个国民经济中的比重逐步提高，一定程度挤占了资本流向工业部门。

同样借助 ArcGIS 空间制图分析功能，选取了 2011 年、2014 年、2017 年三年的工业化水平指标，对沿海省份 2011~2017 年的工业化水平等级演化进行对比分析（见表 5-9）。

表 5-9　　　　　　　　中国沿海省份工业化水平演化

省份	2011 年	2014 年	2017 年
辽宁	高水平	高水平	较低水平
天津	高水平	较高水平	较低水平
河北	高水平	高水平	高水平
山东	高水平	较高水平	较高水平
江苏	较高水平	较低水平	较高水平
上海	低水平	低水平	低水平
浙江	较高水平	较低水平	较高水平
福建	较高水平	高水平	高水平
广东	较高水平	较低水平	较高水平
广西	较高水平	较低水平	较高水平
海南	低水平	低水平	低水平

根据工业化水平计算和分级，2011 年，河北、天津、辽宁、山东的工业化水平处于高水平区间；江苏、浙江、福建、广东、广西处于较高水平；上海、海南紧随其后处于低水平，进一步验证了工业对于区域经济的贡献能力与地方经济基础的关系。在 2014 年各个省份的工业普遍处于稳定期，主要通过第三产业来促进各省份的经济发展，由此存在诸多省份的工业化水平相对降级，只有河北、福建、辽宁工业比重处于高水平，与当地经济对于工业部门的较强依赖性有关；天津、山东处于较高

水平；江苏、广西、广东的工业比重处于较低水平，海南处于低水平工业化，与当地资源禀赋无法支撑起工业主导型经济体系有关。2014～2017年，沿海省份的工业化水平整体提升，福建、河北一起位于高水平城镇化状态，山东、江苏、上海、浙江、广西、广东位于较高水平，天津、辽宁处于较低水平，海南位于低水平状态，分级的变化主要与各省间组内差距降低，与海南的差距拉大有关。

第四节　城镇化与海洋环境的协调性实证研究

据有关研究，海洋环境污染80%源自陆源污染，同时随着城镇化不断推进，沿海地区工农业与社会生活将进一步向海岸布局，对海域环境的影响将更加凸显，随着沿岸生产生活对于海洋环境与生态功能的需求提升，海洋环境也进一步影响城镇化的演进方向，因此本节主要探究我国城镇化与海洋环境的协调关系，力求探寻二者同步耦合的路径①。

一、海域环境治理水平的测量

本章第三节已经对11个沿海省份城镇的城镇化综合水平进行了量化，为了探索沿海地区城镇化与近岸海域环境的协调程度，先对2011～2017年近岸海域环境这一子系统进行评估，然后再测算两个子系统的耦合度。通过梳理相关文献和理论机制可以发现，沿海地区城镇化主要通过快速的城镇承载扩张以实现人口和产业规模的延展，在此过程中主要通过污染水体的排放影响海洋环境质量，故选取沿海省份2011～2017年排放的各项污染物指数值来作为海洋环境治理水平的代表，以2017年为

---

① 王泽宇，程帆. 中国海洋环境规制效率时空分异及影响因素 [J]. 地理研究，2021，40（10）：2885–2896.

例，列出研究沿海区域的各项污染物指标数值（见表5-10），以此可对近岸海域环境作出粗略评估。

表5-10 2017年沿海省份的各项污染物指标

污染物成分	天津	河北	辽宁	上海	江苏	浙江	福建	山东	广东	广西	海南
化学需氧量/万吨	9.26	48.68	25.36	14.18	74.42	41.86	39.49	52.08	100.09	45.59	7.82
氨氮/万吨	1.42	7.12	4.81	3.7	10.12	6.67	5.38	7.99	13.75	4.83	1.09
总氮/万吨	2.24	10.32	7.59	7.76	17.08	12.02	7.87	14.14	21.9	8.88	1.52
总磷/万吨	0.14	0.45	0.24	0.27	0.93	0.51	0.52	0.73	0.99	0.49	0.08
石油类/吨	163	237.5	344	493	348.4	188.5	54.7	266.6	201.9	67.8	17.1
挥发酚/吨	0.1	8.2	13.4	1.1	35.3	0.5	0.2	25.1	1.7	0.7	0
铅/千克	66.1	315.9	63	89.5	588.4	549.9	1277	1074.6	3232.3	1398.8	3.7
汞/千克	10.8	7.2	2.9	31.8	1	7.5	8.7	5.4	152.9	17	3.6
镉/千克	7.1	5.3	6.8	19.5	32.6	76.5	97.2	31.9	526.9	250.8	2
六价铬/千克	22	2054	200	382.4	5599.2	4166.9	429.8	481.3	1221.9	558.1	15.4
总镉/千克	85.5	9269.7	2274.8	2313.2	24134.5	14703.5	1847.8	5585.2	7408.6	881.3	60
砷/千克	1.2	22.9	11.9	219.5	110.3	302.5	557.8	199.5	814.4	1670.7	15.9

资料来源：《中国统计年鉴》（2018年）。

从2017年的沿海区域的各项污染物指标数值中可以看出，每千克排放的污染物中铅、六价铬、总镉和砷的比重较大，而化学需氧量、氨氮、总氮、总磷、石油类、挥发酚的比重较少。由于排放的污染物指标差异较大，因此选取多重指标来全面、系统地反映问题。但是考虑各排放指标之间存在明显的相关性，指标数据所反映的信息有一定程度的重叠。所以可以以较少的污染物指标反映较多的信息量。目前，主成分分析法是最为流行的降维方法，既能够减少指标重叠，又可以保持信息量，其计算步骤如下。

（1）计算相关系数矩阵：计算指标数据的相关系数矩阵：$\sum = (s_{ij})_{p \times p}$，其中：

$$S_{ij} = \frac{1}{n-1} \sum_{k=1}^{n} (x_{ki} - \bar{x}_i)(x_{kj} - \bar{x}_j) \quad i,j = 1,2,\cdots,p \quad (5-10)$$

（2）计算特征值与特征向量：前 m 个较大特征值 $\lambda_1 \geqslant \lambda_2 \geqslant \cdots \lambda_m > 0$，即前 m 个主成分所对应的方差，$\lambda_1$ 对应的单位特征向量 α_i 即是主成分 F_i 的对应原变量的系数，因此原变量的第 i 个主成分 F_i 可以表示为：$F_i = a_i X$，每个主成分反映信息量的多少由其方差的贡献率来决定，计算公式为：

$$\alpha_i = \lambda_i \Big/ \sum_{i=1}^{m} \lambda_i \qquad\qquad (5-11)$$

（3）提取主成分：提取出几个主成分，即 F_1，F_2，F_3，……，F_m，其中 m 取决于方差累计贡献率 G（m）：

$$G(m) = \sum_{i=1}^{m} \lambda_i \Big/ \sum_{k=1}^{p} \lambda_k \qquad\qquad (5-12)$$

一般取累计贡献率达到 85% 以上，此时的 m 为所要提取的主成分个数。

（4）计算主成分的载荷：

主成分载荷反映主成分 F_i 与原变量 X_j 之间的相互关联程度，原来变量 $X_j(j=1,2,\cdots,p)$ 在主成分 $F_i(i=1,2,\cdots,m)$ 上的荷载为 $l_{ij}(i=1,2,\cdots,m; j=1,2,\cdots,p)$。

$$l(Z_i, X_j) = \sqrt{\lambda_i}\, a_{ij}\,(i=1,2,\cdots,m; j=1,2,\cdots,p) \qquad (5-13)$$

（5）计算主成分得分。计算指标在 m 个主成分上的得分：

$$F_i = a_{1i}X_1 + a_{2i}X_2 + \cdots + a_{pi}X_p \quad (i=1,2\cdots,m) \qquad (5-14)$$

（6）计算综合指数：

$$F = \frac{\lambda_1}{\lambda_1 + \lambda_2 + \cdots + \lambda_m}F_1 + \frac{\lambda_2}{\lambda_1 + \lambda_2 + \cdots + \lambda_m}F_2 + \cdots + \frac{\lambda m}{\lambda_1 + \lambda_2 + \cdots + \lambda_m}F_m$$

$$(5-15)$$

根据以上方法，使用 SPSS 软件对海洋环境排放污染物进行主成分分析，结果如表 5 – 11 和表 5 – 12 所示。

表 5 – 11 　　　　　　　　　　　　　**特征值及主成分贡献**

序号	初始特征根			被提取的载荷平方和		
	总值	方差占比	累积方差占比	总值	方差占比	累积方差占比
1	5.229	43.572	43.572	5.229	43.572	43.572
2	2.620	21.835	65.407	2.620	21.835	65.407
3	1.761	14.673	80.080	1.761	14.673	80.080
4	0.869	7.238	87.319			
5	0.733	8.112	93.319			
6	0.391	3.258	96.689			
7	0.210	1.750	98.439			
8	0.088	0.565	99.004			
9	0.055	0.462	99.466			
10	0.037	0.305	99.771			
11	0.016	0.136	99.907			
12	0.011	0.093	100.000			

注：提取方法：主成分分析法。

表 5 – 12 　　　　　　　　　　　　　**主成分载荷**

成分	主成分		
	1	2	3
化学需氧量	0.905	− 0.294	0.012
氨氮	0.874	− 0.137	− 0.192
总氮	0.700	− 0.538	0.377
总磷	0.734	− 0.544	0.311
石油类	0.608	− 0.406	− 0.226
挥发酚	0.467	− 0.467	0.119
铅	0.619	0.725	0.054
汞	0.360	0.477	0.231
镉	0.704	0.527	0.377
六价铬	0.587	0.278	− 0.730
总铬	0.627	0.233	− 0.695
砷	0.533	0.623	0.483

注：提取方法：主成分分析法。

从表 5 - 11、表 5 - 12 中看出，经过主成分提取之后，前三个主成分的累计贡献率在 80% 以上，可以较好地反映总体污染情况，以此可以计算出 2011～2017 年沿海省份的海域污染排放物指数，为便于协调性分析，本书选取海域污染排放物指数的倒数作为海洋环境水平（见表 5 - 13）。

表 5 - 13　　　　　　　　2011～2017 年沿海省份的海洋环境水平

省份	2011 年	2012 年	2013 年	2014 年	2015 年	2016 年	2017 年
天津	0.616	0.621	0.628	0.630	0.583	0.614	0.636
河北	0.414	0.474	0.490	0.485	0.450	0.572	0.579
辽宁	0.502	0.517	0.522	0.530	0.539	0.614	0.612
上海	0.606	0.608	0.607	0.609	0.608	0.609	0.602
江苏	0.392	0.414	0.482	0.493	0.496	0.546	0.521
浙江	0.485	0.499	0.506	0.529	0.530	0.571	0.565
福建	0.459	0.502	0.510	0.495	0.501	0.600	0.592
山东	0.326	0.360	0.367	0.374	0.362	0.568	0.570
广东	0.130	0.327	0.395	0.422	0.422	0.450	0.409
广西	0.242	0.431	0.413	0.442	0.434	0.593	0.578
海南	0.634	0.634	0.636	0.632	0.635	0.646	0.645

资料来源：《中国统计年鉴》（2011～2017 年）。

将各个省份的海洋治理与其工业化水平进行对比可知，只有上海和海南的海洋治理水平高于其工业化水平。其主要原因为上海作为全球金融、航运和科技中心，其产业结构遵循"三二一"分布，具有低污染特征的第三产业对其经济贡献大于第二产业，而且为追求高端要素的集聚，上海的环境管制强度更为严格，这也造成了其海洋环境水平高于其工业化水平；而海南作为海岛城市，第三产业中的旅游业是其支柱产业，故其对于海洋环境治理更为看重。

同样借助 ArcGIS 的 Natural Break 方法，选取了 2011 年、2014 年、2017 年三年的海洋环境水平指标，对各省份进行等级划分如表 5 - 14 所示。

表 5 – 14　　　　　　中国沿海省份海洋环境治理水平演化

省份	2011 年	2014 年	2017 年
辽宁	较高水平	较高水平	较高水平
天津	高水平	高水平	高水平
河北	较低水平	较低水平	较低水平
山东	较低水平	低水平	较低水平
江苏	较低水平	低水平	较低水平
上海	高水平	高水平	高水平
浙江	较高水平	较高水平	较低水平
福建	较高水平	较低水平	较高水平
广东	低水平	低水平	低水平
广西	低水平	低水平	较低水平
海南	高水平	高水平	高水平

资料来源：作者整理而得。

2011 年海南、上海、天津的海洋环境治理水平位于高水平区；福建、浙江、辽宁位于较高水平区；河北、山东、江苏位于较低水平区；广西、广东位于低水平区。至 2014 年，绝大多数省份海洋环境水平保持不变，部分省市水平下降：福建的海洋环境治理水平下降为较高水平，山东下降为较低水平。至 2017 年，上海、海南、天津位于高水平的海洋环境治理状态；福建、辽宁位于较高水平区；河北、山东、江苏、浙江、广西位于较低水平区；广东位于低水平状态。

二、城镇化与海域环境的协调性

城镇化与海域环境构成了一个开放、动态、复杂的系统，这两个系统之间通过交互作用而产生系统性响应。下文将城镇化与近岸海域环境当成两个系统，考虑两个系统之间通过各自的组成要素相互作用而产生影响，因此我们需要探究其耦合程度。

城镇化与海洋环境的耦合度计算公式为：

$$C = \left[\frac{U_1 \times U_2 \times \cdots \times U_n}{\prod (U_i + U_j)} \right]^{1/n} \quad\quad (5-16)$$

式（5-16）中，分子表示子系统综合功效的乘积，分母表示子系统综合功效和的乘积，C 值的大小由子系统 U_i 的大小决定，显然 C 的大小取值在 0 到 1。根据公式可以对各省的系统耦合度进行计算，结果如表 5-15 所示。

表 5-15　　　　　　　2011~2017 年沿海省份城镇化与海域环境的耦合度

省份	2011 年	2012 年	2013 年	2014 年	2015 年	2016 年	2017 年
天津	0.993	0.996	1.000	1.000	0.990	0.995	0.978
河北	0.953	0.930	0.923	0.936	0.979	0.886	0.933
辽宁	0.972	0.982	0.989	0.992	0.982	0.887	0.955
上海	0.996	0.999	1.000	0.999	0.995	0.983	0.877
江苏	0.915	0.924	0.958	0.940	0.915	0.944	0.872
浙江	0.999	0.999	0.999	1.000	0.998	0.999	0.963
福建	0.970	0.941	0.961	0.992	0.997	0.961	0.999
山东	0.921	0.914	0.905	0.900	0.847	1.000	0.999
广东	0.795	0.785	0.895	0.912	0.870	0.884	0.707
广西	0.986	0.853	0.914	0.899	0.934	0.748	0.799
海南	0.620	0.662	0.936	0.712	0.736	0.747	0.819

资料来源：《中国统计年鉴》（2011~2017 年）。

通常我们认为，当 C=0 时，子系统之间的耦合度非常小，处于不相关状态；当 0<C≤0.3 时，子系统之间处于较低水平的耦合阶段；当 0.3<C≤0.5 时，子系统之间处于拮抗阶段；当 0.5<C≤0.8 时，子系统之间进入磨合阶段；当 0.8<C<1 时，子系统之间进入高耦合水平阶段。但值得说明的一点是，这些子系统之间的耦合阶段的演进并不按从低至高开始演进，有时会跳跃前进，甚者出现由高至低阶段退后的现象。

由表可得，除了广东、广西、海南三个省份之外，其他 8 个省份的耦合度都处于高耦合水平阶段。海南作为以旅游业为支柱产业的省份，其工业化水平远低于其海洋环境水平，所以处于低耦合水平阶段。而广东的耦合程度不断提高但仍处于磨合阶段，则是因为在早期阶段广东牺牲海洋环境来发展城镇化，随着环境监管的增强，广东省注重海洋环境保护的意识也逐渐增强。

虽然耦合度能够反映城镇化和海洋环境治理水平之间的互促关系，但是其并不能体现各系统整体的发展水平情况。因此本章节选用协调度模型来度量系统之间协调状况，判断系统之间耦合是否为良性，协调度评价模型公式：

$$D = \sqrt{C \times T} \quad T = \alpha U_1 + \beta U_2 \qquad (5-17)$$

式（5-17）中：D 为协调度；T 为综合协调指数；α、β 为待定系数（$\alpha + \beta = 1$），本研究将两个系统视为同等重要，即 $\alpha = \beta = 0.5$。根据式（5-17）计算得出协调度状况，并进行分级认定，结果如表 5-16 和表 5-17 所示。

表 5-16　　2011~2017 年沿海省份城镇化与海域环境的协调度

省份	2011 年	2012 年	2013 年	2014 年	2015 年	2016 年	2017 年
天津	0.768	0.775	0.790	0.885	0.782	0.797	0.827
河北	0.607	0.641	0.649	0.772	0.646	0.688	0.709
辽宁	0.678	0.694	0.703	0.837	0.709	0.713	0.739
上海	0.767	0.774	0.781	0.891	0.793	0.805	0.842
江苏	0.670	0.687	0.729	0.850	0.755	0.782	0.785
浙江	0.692	0.701	0.715	0.858	0.737	0.760	0.787
福建	0.647	0.663	0.678	0.819	0.698	0.735	0.763
山东	0.610	0.643	0.651	0.772	0.659	0.750	0.762
广东	0.453	0.638	0.678	0.796	0.707	0.727	0.726
广西	0.506	0.588	0.593	0.749	0.614	0.660	0.665
海南	0.649	0.660	0.745	0.798	0.680	0.689	0.709

资料来源：《中国统计年鉴》（2011~2017 年）。

表 5 - 17 　　　　　中国沿海省份海洋环境治理水平协调性演化

省份	2011 年	2014 年	2017 年
辽宁	较高水平	较高水平	较低水平
天津	高水平	高水平	高水平
河北	较低水平	低水平	较低水平
山东	较低水平	低水平	较高水平
江苏	较高水平	较高水平	较高水平
上海	高水平	高水平	高水平
浙江	较高水平	较高水平	较高水平
福建	较高水平	较低水平	较高水平
广东	低水平	较低水平	较低水平
广西	低水平	低水平	低水平
海南	较高水平	较低水平	较低水平

资料来源：作者整理而得。

从 2011～2017 年的协调性演变可以看出，沿海省市的协调性差距越来越小，且变化趋势与耦合度有较大差异，其中 2011 年天津和上海的协调度高于 0.7，说明两系统间在城市发展与污染保护方面达成了良性互动。广东和广西的协调性最低，一方面与两系统的负面影响明显有关，另一方面也验证了海洋环境的恶化会进一步阻碍城镇功能的培育与壮大，到 2017 年各地协调性均取得明显进步，各地位次变化不大，河北和广西成为得分最低的两个省份，再探索城镇发展与环境保护过程中的陆海统筹关系仍未得到重视。从等级分布上看，2011 年上海和天津处于高水平区，辽宁、江苏、海南和浙江处于较高水平区，河北和山东处于较低水平区，广西和广东则处于低水平区。至 2014 年区域间相对差距拉大，等级分布更加分散，广西、河北和山东降至低水平区，福建和海南降至较低水平区，说明工业化发展到成熟阶段之后，对海洋环境的改善更加积极，至 2017 年已有两个城市处于高水平，四个城市处于较高水平，四个城市处于较低水平，只有广西处于低水平的协调性，整体的协调性呈现明显的块状分布。

第五节 工业化对近岸海洋环境的影响分析

工业化对环境的影响已经在理论和实证层面取得较为丰硕的结果，但在海洋环境方面，受区域经济体系的特殊性和环境反馈的滞后性影响，工业化的环境效应仍存在一定区别，因此选取我国工业化和海洋环境更具特点的浙江省加以实证测量。

浙江省位于中国东南沿海，海岸线总长6486.24公里，占全国总海岸线长度20.3%，位于全国第一①。浙江的涉海产业众多，包括港口运输、石油化工、机械装备在内的支柱产业均会对海洋环境造成较强影响，因此以浙江省为例，探究工业化对近岸海洋环境的影响具有典型性意义。数据选取方面，以1988~2017年浙江省工业产值和浙江省工业废水排放量来代表浙江省的工业化水平和海洋环境污染水平。

一、平稳性检验

本书所选取的数据均为时间序列数据，在进行实证分析前，必须对数据进行平稳性检验，以避免可能出现的"伪回归"问题。遂采用ADF单位根检验方法，结果如表5-18所示。

表5-18 ADF平稳性检验结果

变量	t统计量	P值	1%	5%	10%	平稳性
IN	-2.757154	0.2234	-4.323979	-3.580623	-3.225334	不平稳
DIN	-4.327231 **	0.0111	-4.374307	-3.603202	-3.238054	平稳
DIW	-0.757548	0.9583	-4.309824	-3.574244	-3.221728	不平稳
DDIW	-5.691234 ***	0.0004	-4.323979	-3.580623	-3.225334	平稳

注：***、**、*分别表示在1%、5%、10%的显著性水平下拒绝原假设，即时间序列是平稳的；D为一阶差分。

---

① 资料来源：国家统计局网站。

结果表明，在 5% 和 10% 的显著性水平下，变量 IN、DIW 均接受
了原假设，即二者是非平稳变量；而 DIN、DDIW 均拒绝了原假设，即
一次差分后的变量是平稳的。因此判定所选取的两个指标均是一阶单整
序列。

二、Johansen 协整检验

为验证这些变量之间是否存在一个长期稳定的均衡关系，进一步进
行 Johansen 协整检验，结果如表 5－19 所示。

表 5－19　　　　　　　　Johansen 协整检验结果

原假设成立时的协整关系数	特征值	迹检验统计量	5% 临界值	P 值
None*	0.426590	17.35866	15.49471	0.0259
At most 1	0.083102	2.342506	3.841466	0.1259

注：＊表示在 10% 的显著性水平上拒绝原假设。

根据表 5－19 结果可以看出：在 10% 的显著性水平下拒绝五个变量
间不存在协整关系的原假设，也就是说，浙江省工业废水排放量与浙江
省工业产出间存在长期均衡关系。

三、VAR 模型滞后期选择

为了建立合适的 VAR 模型，需要确定最优滞后阶数。如果变量的滞
后阶数过多，会损失大量的自由度，降低模型参数估计的有效性；如果
变量的滞后阶数太少，会导致模型估计不准确，引起参数的非一致性估
计。因此，根据统计量（LR）、最终预测误差（FPE）、信息准则
（AIC）、信息准则（SC）以及信息准则（HQ）五个指标，确定最优滞后
期，结果如表 5－20 所示。

表 5 – 20　　　　　　　　　VAR 模型的滞后期选择

滞后期	LogL	LR	FPE	AIC	SC	HQ
1	62. 81691	NA	3. 10e – 05	– 4. 705353	– 4. 510333 *	– 4. 651262
2	68. 32186	9. 248314	2. 76e – 05	– 4. 825749	– 4. 435708	– 4. 717568
3	73. 10980	7. 277676	2. 63e – 05 *	– 4. 888784 *	– 4. 303724	– 4. 726513 *
4	75. 37287	3. 077768	3. 11e – 05	– 4. 749829	– 3. 969749	– 4. 533468
5	80. 12800	5. 706154	3. 07e – 05	– 4. 810240	– 3. 835139	– 4. 539788

注：*表示由准则选择的滞后顺序；LR、FPE、AIC、SC、HQ 为五种滞后期选择准则。

在确定了模型滞后期后，可以进一步对 VAR 模型的稳定性进行检验，如果整体模型不稳定，该模型的预测结果将会失败，脉冲响应函数的结果也会有偏差。因此，需要对模型的整体稳定性进行测试。当估计 VAR 模型的所有根的大小都小于 1 时，该模型是稳定有效的。任何模型都有 np 根，其中 n 为自变量个数，p 为最大滞后阶数。从表格显著性不难看到，HQ、FPE、AIC 准则的检测结果在滞后三期最优，遂选择滞后期数为 3；而 SC 准则选择的最优滞后期为 1。综合来看，本书最终确定模型的最优滞后期为 3。

在确定了模型滞后期后，进一步对 VAR 模型的稳定性进行检验，如果整体模型不稳定，该模型的预测结果将会失败，脉冲响应函数的结果也会有偏差。当估计 VAR 模型的所有根的大小都小于 1 时，该模型是稳定有效的。任何模型都有 np 根，其中 n 为自变量个数，p 为最大滞后阶数。

该模型中共有 2 个变量，最大滞后阶数为 3。由图 5 – 2 可知，VAR 模型特征方程共有 6 个根模的倒数小于 1，即分布在单位圆内，因此可以确定该模型的稳定性。

四、脉冲响应函数

脉冲响应函数是指模型受到某种冲击，导致误差项发生变化时，内生变量对此作出的反应。为了进一步探究浙江省工业产出和浙江省工业

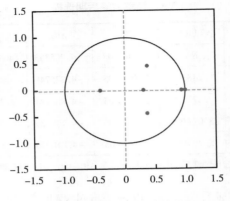

图 5 - 2　稳健性检验结果

废水排放量之间的关系，本书进行脉冲效应分析，得到浙江省工业化对浙江省海洋环境污染的响应结果，结果如图 5 - 3 所示。图中的横坐标表示单位标准差冲击作用的滞后期数，纵坐标为浙江工业产出（GDP）对浙江省工业废水排放量（DIW）的响应；此外，图中的实线表示脉冲响应曲线，虚线区域表示正负两倍标准差偏离带。

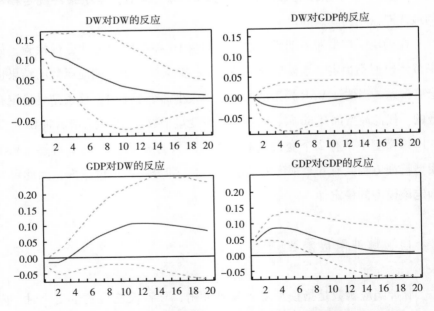

图 5 - 3　浙江省国民收入水平和浙江省工业废水排放量的脉冲响应函数

　　分别给浙江省国民收入水平和工业废水排放量一个标准差大小的冲击，GDP 对 GDP 的脉冲响应图表明浙江省工业产出的变动对其本身有正的影响并逐渐趋于平稳；GDP 对 DIW 的脉冲响应图表明浙江省工业产出的变动在前 12 个月内对工业废水排放量有负的影响，之后的 8 个月转变为正的影响；DIW 对 GDP 的脉冲响应图表明在前 3 期浙江省工业废水排放量对浙江省工业产出有负向影响，之后的 17 期转变为正的影响并在第 12 期达到最高点，随后逐渐趋向平稳；DIW 对 DIW 的脉冲响应图表明浙江省工业废水排放量的变动对其本身有正的影响并逐渐趋于平稳。

　　结果表明在浙江省工业化发展初期会对海洋污染产生消极影响，然而随着海洋监管的加强以及工业化进程中科技水平的提高，浙江省工业化发展对海洋污染的消极影响逐渐减小并趋于平稳。

第六节　海岸带工程对环境的影响分析

　　海岸带工程可以从岸线、近海到海洋。首先沿海岸线布局的工业对环境有影响。临海具有原材料和产品进出之便，20 世纪 50 年代中期，大宗货物远洋运输产生的海运革命极大地降低了长距离海洋运输的相对成本，能源和原材料出口与世界消费市场的地域分割、海上和港口运输及装卸等技术的快速发展，许多国家将依托海港空间的工业化增长，即临海工业开发区的建立作为政府对国家经济干预的主要焦点，以促进新的区域增长点的形成。临海工业占领滨海湿地、供水排水、海上倾废等对海岸带生态环境系统产生严重威胁。

　　重化工业是临海工业中的主导产业，也是污染大户。能耗惊人、污染严重是重化工业时代的突出特点。重化工业对环境的污染和破坏主要产生于重化工业的传统部门即钢铁、冶金工业、化肥工业和化学工业等。当大型的化工园区或项目在沿海聚集时，即使每个项目都达标排放，但由于整个区域环境承载能力有限及化学污染物不易降解，严重影响了生态环境。

临海电厂是临海工业中对海洋环境污染比较显著的产业。临海火电、核电厂循环冷却水常取自大海，进入汽轮机凝汽器吸收汽机余热后，携带大量废热，又排回到海里。一座 1000 兆瓦（MW）电厂的热排水一般可向受纳水域输出约 14.65×10^5 千焦/秒（kj/s）的热通量。大量冷却水的抽取和大量热废水的排放，直接造成热污染，使水体的物理、化学、生物过程及生态环境发生明显的变化。大量热废水可引起海洋水生植物群落组成的变化。随着水温的升高，不耐高温的种类迅速消失，减少了藻类的多样性，还会加速藻类种群的演替。热废水对水生动物同样存在危害。水生动物大部分是变温动物，体温不能自动调节，随着水温升高，体温也会随之升高，影响代谢功能，直至死亡。水温升高会加速微生物对有机物的分解，从而消耗大量的溶解氧（DO），水体处于缺氧状态。

近海岸的滩涂和近海围垦对海洋环境的影响也很显著。改革开放后的 40 余年，随着临海工业的大规模建设和海岸带城市化，沿海滩涂围垦作为向海洋拓展发展空间的主要手段已成为沿海省份特别是江、浙、闽地区的经济发展的助推剂，在一定程度上给沿海带来了巨大的经济效益，缓解了沿海地区人地矛盾。大规模滩涂围垦的土地为沿海经济的高速发展提供了空间。可以肯定的是，随着沿海地区人口增长，特别是我国 18 亿亩耕地红线的确定，向滩涂要地的现象日益凸显。根据浙江省自然资源厅和浙江省发展和改革委员会印发的《浙江省加强滨海湿地保护严格管控围填海实施方案》，"十一五"期间浙江省围填海 63.1 万亩，相当于"十五"期间的 1.62 倍；"十二五"期间浙江省计划围填海 100 万亩，相当于"十一五"期间的 1.58 倍。而根据《江苏沿海地区发展规划》，江苏省计划至 2020 年全省围垦 270 万亩沿海滩涂等，目前正是沿海地区向海涂扩张期。

然而，沿海滩涂围垦所引起的海涂高程、水沙动力、生态等多种环境要素的改变，直接导致海岸线大规模改变、海底冲淤的变化，使得海涂和滨海湿地大量丧失、沿海海涂湿地生态系统功能退化、生物栖息地损失、近岸海域生物生境恶化、生物多样性降低等一系列问题，对海岸环境演变产生重大影响。为此，如何更有效地利用沿海滩涂，使其在发挥最大经济效益的同时能够保护区域整体生态环境，创建更加宜居地环境成为人们越来越关注的重大现实问题。

近年来，国内外生态环境保护的理论和实践表明，建立生态补偿机制，通过经济手段来解决海陆生态环境保护与经济发展的突出矛盾，比用传统的命令控制手段更具明显的成本效益优势和更强的激励抑制作用。生态补偿机制是以保护生态环境、促进人与自然和谐发展为目的，根据生态系统服务价值、生态保护成本、发展机会成本等，综合运用行政和市场手段，调整生态环境保护和开发建设相关各方之间利益关系的一种经济手段。为有效保护沿海地区生态环境，我国目前在流域生态补偿、矿产资源开发的生态补偿、森林生态系统的补偿、生物多样性保护的补偿、水源地生态补偿方面已经进行了部分试点，取得了不少经验。但沿海滩涂围垦因受滩涂产权、生态破坏反馈的长期性等原因，目前还没有实施生态补偿政策。面临滩涂围垦的迅速扩张期，生态补偿存在迫切的政策和技术需求。因而，研究沿海滩涂围垦生态补偿机制已成为我国沿海地区生态环境保护的一项极为紧迫的战略任务，具有重大现实意义。

另外，海上重大工程建设对海洋生态的影响将越来越突出。世界各国都在想方设法发展海洋经济，海上工程项目建设，既是海洋经济的重要支撑，也是海洋安全的战略保障。对于我国，海上工程既是 21 世纪海上丝绸之路的重要支撑，也是我国发展海洋经济，维护海洋安全和战略利益的重要保障。随着我国海洋经济快速发展，重大海洋工程建设项目投资规模日益扩大，据统计，截至 2016 年底，中国全国海洋工程建设项目接近 16000 个投资总额超过 2 万亿元[1]。海洋大项目改变了原生态的环境，不仅直接影响到环境，而且建成的项目在运行过程中还将面临来自陆海的协调治理。

---

① 陈君怡. 中国海洋工程咨询协会第二次会员代表大会召开：罗富和、周铁农出席 王宏就协会工作提出 4 点建议 [Z]. 2016 – 5 – 30.

第六章

分权竞争下环境规制对海洋环境的影响分析 6

第一节　表现与缘由

随着国际产业分工和技术应用产生重大变革，海洋凭借资源和环境承载优势逐渐成为各国抢占新一轮市场的重点。中国沿海省份（除中国台湾地区、中国香港地区和中国澳门地区，下同）自改革开放以来形成了以海洋资源环境为支撑的开放经济体系，根据 2019 年《中国海洋经济统计年鉴》，2018 年海洋经济产值达到 83415 亿元，在国民生产总值中的比重已达 9.3%，并成为整体经济的重要增长源。但受海洋资源公共性及污染负外部性特征的影响，传统粗放式发展和 GDP 锦标赛造成海洋生态压力愈加明显。根据各类海洋污染海域面积变化趋势（见图 6 - 1）可知，虽然这些年第二类水质面积得以减少，但第三类及以下海域面积并无明显改善，其空间分布与中国沿海经济发展程度高度拟合。且随着国际需求结构变动和贸易壁垒增强，根据《中国海洋经济统计年鉴 2018》显示，海洋产品竞争力的下降已使海洋经济增速从 2008 年的 11% 逐年下降至 2017 年的 6.9%，中国经济可持续发展中面临的海洋环境问题更加紧迫。

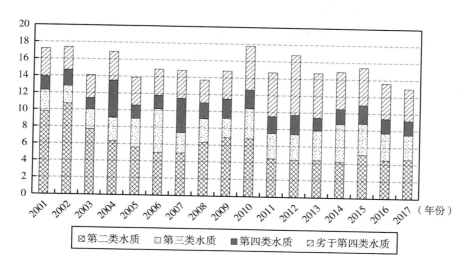

图6－1　各类水质海洋面积变化
资料来源：《2018年中国海洋生态环境状况公报》。

中国在加快建设海洋强国过程中建立了海洋经济发展示范区等一系列试点，并将环境规制作为调节海洋环境质量的重要手段，旨在通过良好的环境管制策略刺激企业转变发展思路，使其通过资源利用效率抵消因环境约束造成的成本增加，在此过程中的创新进一步降低了企业单位产出的排污许可税费，建立起区域内部产业淘汰机制，从而提高整体环境质量，其目的符合"波特假说"一般规律①，也在部分地区形成较好的成效，但从近些年频发的海洋环境突发事件看，环境规制的可持续性效果特别是对海洋环境的真实影响尚不明晰。

由于中国实行垂直化政治管理与经济分权并存的财税体制，一系列政治激励体系和经济考核体系导致了环境规制的财权与事权、投入与产出的不匹配现象，迫使地方政府执行具有地方机会主义倾向的策略性环境规制。而从海洋资源环境使用的非排他性和非竞争性角度来看，地方政府可能会追求内生污染外部化的"以邻为壑"行为，最终导致区域间

---

① Poter M. E., van der linde C. Toward a new conception of the enviroment – competitiveness relationship [J]. journal of Economic Perspectives. 1995, 9 (4): 97 –118.

管制的竞争向下①，也可能为了抢占海洋优势资源、提高区域综合服务能力而制定更加严格的规制措施，因此海洋环境质量在分权体制下会受到中央与地方以及区域间资源环境约束方式的影响②。本章试图回答以下几个关键但尚未解决的问题：我国现阶段执行的环境规制手段对于海洋环境改善路径有何影响，是否会在区域间模仿竞争中对周边区域产生溢出影响？中国现行分权化体制是否会在刺激竞争中显著影响地方环境规制策略动机，以及这种行为偏差会对海洋环境带来何种影响，通过对这些问题进行理论和实证分析期望从制度层面和管理层面为中国海洋环境可持续发展提供政策建议。

第二节　分权竞争和环境规制对海洋环境的影响

一、环境规制与海洋环境

现有学者已经对环境规制对环境质量的影响进行了大量的理论和实证分析，其中理论部分多集中于从不变技术和需求假说的古典经济学视角对其进行分析。"绿色悖论"理论（Sinn，2008）认为在气候管制措施的执行过程中会进一步刺激相关化石燃料的开采，并相应提高对环境的污染压力，其主要是通过三种原因加以影响：（1）设置的排放标准不合理；（2）通过执行减少燃料需求的政策；（3）相关政策的宣传和执行时滞性太强。其他理论也就环境排放主体的治理动机进行推理，其中成本假说认为过高的环境规制只会增加企业的污染治理负担，致使企业高端资本的投入放缓，不利于区域整体环境的改善，也有学者在这一理论基

---

① 李涛，刘会. 财政—环境联邦主义与雾霾污染管制—基于固定效应与门槛效应的实证分析［J］. 现代经济探索，2018（3）：34 –43.

② Jalil A., Feridun M. The impact of growth, energy and financial development on the environment in China: a cointegration analysis ［J］. Energy economics，2011，33（2）：284 –291.

础上进行大量实证检验，其中既有对特定产业（Gray Wayne B.，1987）或特定行业（Shadbegian Ronald J. & Gray Wayne B.，2005）的要素效率变化进行分析，也有从受规制企业或部门的相对成本（Frednksson P. G. & Millimet D. L.，2002）和创新竞争力角度进行比较，进一步验证了环境规制对于环境质量抑制作用①。

以上方法将环境规制作为外生因素加以静态分析，并未考虑规制作用下的企业行为和产业演替在环境改善的作用，因此以"波特假说"为代表的动态研究思路逐渐得到重视，他们将重点放在环境规制作用下企业的治污选择上，认为适当的管制强度能够倒逼企业通过创新的方式规避污染治理投入（Poter M. E. & van der Linde C.，1995），同时产业要素生产率的提升能够补偿因技术投入造成的边际成本增加②。在此基础上，诸多学者将相关理论应用到特定产业或特定行业的治污响应上，并进一步从产业结构、资源效率、产品偏向等方面分析了在此过程中的区域环境转化特征③，进一步验证了环境规制在环境改善中的正向作用。由于资源和环境对于不同产业的约束性受到技术创新、资源禀赋、市场程度等因素影响，因此环境规制在环境改善中的补偿或替代能力不尽明确，且不同环境管

①　Gray Wayne B. The cost of regulation：OSHA，EPA and the productivity slowdown［J］．American Economic Association. 1987（77）：998 – 1006；Shadbegian Ronald J，Gray Wayne B. Pollution abatement expenditures and plant-level productivity：A production function approach［J］．Ecological Economics. 2005（2 – 3）：196 – 208；Frednksson P G，Millimet D L. Strategic interaction and the determination of Environmental Policy across U. S. State［J］．Journal of Urban Economics，2002（1）：101 – 122；Jaffe A，Palmer K. Environmental regulation and innovation：A panel data study［J］．Review of Economics and Statitics，1997（4）：610 – 619.

②　Poter M. E.，van der Linde C. Toward a new conception of environment – competitiveness relationship［J］．Journal of Economic Perspectives，1995（4）：97 – 118；王娟茹，张渝. 环境规制、绿色技术创新意愿与绿色技术创新行为［J］．科学学研究，2018（2）：352 – 360.

③　原毅军，谢荣辉. 环境规制的产业结构调整效应研究——基于中国省级面板数据的实证检验［J］．中国工业经济，2014（8）：57 – 69；Murty M. N.．Kumar S. Win-win opportunities and environmental regulation：testing of porter hypothesis for Indian manufacturing industries［J］．Journal of Environmental Management，2003（2）：139 – 144；Yuan Yi-jun，Xie Rong-hui. Research on the Effect of Environmental Regulation to Industrial Restructuring-Empirical Test based on Provincial Panel Data of China［J］．China Industrial Economics，2014（8）：57 – 69.

制措施的传导机制也存在差异，对于海洋而言环境规制的影响是非独立的，其在环境质量中的作用受到技术创新等的门槛限制表现出非线性关系①。

二、分权化与区域环境保护

关于分权化的研究主要集中于发展中国家在权力分配、市场强化和企业激励方面的环境效果，研究发现分权化会通过政府竞争水平、政策执行精准度以及公共物品配置效率等影响区域环境质量，其中以财政联邦主义最具代表性，理论认为中央政府通过下放资源配置权并引入市场竞争机制，能够形成区域间要素分配的帕累托最优，从而提升经济与环境系统的整体质量②。目前关于中国财政政策效果的研究多集中于从经济方面加以体现，朱军和徐志伟（2018）通过构建多级政府财政政策行为的动态随机一般均衡模型（DSGE）模拟出分权下的地方政策会对本地及其周边区域的经济产生促进作用③，有学者认为中国的分权财政体制将国家行政管理与区域经济建设纳入统一权责架构中④，能在资金和物质资源效率方面影响经济发展，钱文强（Wenqiang Qian，2019）等则从地方福

---

① 罗能生，王玉泽. 财政分权环境规制与区域生态效率——基于动态空间杜宾模型的实证研究［J］. 中国人口、资源与环境，2017（4）：110 – 118；Luo Neng-sheng，Wang Ye-ze. Fiscal decentralization，environmental regulation and regional eco-efficiency：based on the dynamic spatial Durbin model［J］. China Population，Resources and Environment，2017（4）：110 – 118；Testa Francesco. Iraldo Fabio，Frey Marco. The effect of environmental regulation on firms' competitive performance：The case of the building & construction sector in some EU regions［J］. Journal of Environmental Management，2011（9）：2136 – 2144；孙康，付敏，刘峻峰. 环境规制视角下中国海洋产业转型研究［J］. 资源开发与市场，2018（9）：1290 – 1295；Sun Kang，Fu Min，Liu Jun-feng. Research on Transformation of Chinese Marine Industry Under the Perspective of Environmental Regulation［J］. Resource Development & Market，2018（9）：1290 – 1295.

② Tulchinsky T. H.，Varavikova E. A. Chapter 10-Organization of Public Health Systems［J］. New Public Health，2014（3）：535 – 573.

③ 朱军，许志伟. 财政分权、地区间竞争与中国经济波动［J］. 经济研究，2018（1）：21 – 34.

④ Acemoglu D.，Robinson J. A.，Woren D. Why nations fail：the origins of power，prosperity，and poverty［M］. New York：Crown Business，2012.

利的视角发现其更有利于经济与环境的可持续性①。在环境效果方面，主要聚焦分权化下治理模式和监管模式导致的环境质量的变化，并从定性和定量的角度分析了跨界污染治理的实施效果，认为中国跨界水污染主要是因为相邻区域政府间存在治理的搭便车行为②，但随后的细化研究发现，对于资源公共性和流动性较强的行业来讲，财政分权化会导致空间分化过程中的负外部性加剧，并放大制度差异和禀赋差距造成的资源错配水平，从而降低区域环境治理的效率和质量③。另有学者认为从不同管制动机出发，二者关系可能存在不同。

三、分权化和环境规制对海洋环境治理影响

毫无疑问分权化的环境效应差异主要归因于地方政府决策出发点和策略方式不同，而环境作为经济活动的公共承载平台，会在政府管控下进一步约束地方经济尤其是海洋经济的发展路径。早期研究认为分权化能够通过提升环境质量来促进经济增长，用脚投票（voting by foot）理论认为地方政府为了吸引人口和资源流入辖区，倾向于优先满足包括环境质量在内的居民公共品需求和服务④，在对美国等典型地区进行实证研究后发现，分权化确实能刺激地方政府的争上游（race to the top）和邻避效应（not in my backhand）⑤，这类结论主要是建立在地方政府以满足居民福利最大化为基础假设。但随着理论假设和实证验证不断丰富，

①　Wenqiang Qian, Xiangyu Cheng, Guoying Lu, et al. Ficcal Decentralization, Local Competitions and Sustainability of Medical Insurance Funds: Evidence from Chian [J]. Sustainability, 2019 (8), 2437.

②　Helland E., Whitford A. B. Pollution incidence and political jurisdiction: evidence from the TRI [J]. Journal of evnironmental economics and management, 2003 (3): 403–424.

③　Teffer D. J., Wall G. Strengthening backward economic linkages: local food purchasing by three indonesian hotels. Tourism Geograthies, 2018 (4): 421–447.

④　Stigler G. Perfect Competition, Historically Contemplated [J]. Journal of Political Economy, 1957 (1): 1–17.

⑤　Millinet D. Assessing the Empirical Impact of Environmental Federalism [J]. Journal of Regional Science, 2003 (4): 711–733.

学者对早期的研究成果提出诸多质疑，他们认为在现实实践中，完备市场和公共政策再分配的条件很容易受到地方政府利益考量的影响，地方政府围绕内部经济增长难免会采取破坏性竞争，造成环境质量整体下降①。

在新的理论框架下，学者主要从公共服务、环境治理、技术创新、资源效率等角度分析了分权化对环境规制、环境效应的影响②，具体机制可归为三个方面：一是在排污动机选择方面。环境溢出效应导致区域经济利润与污染成本不匹配，在缺乏有效环境监测和补偿效应的情况下，地方政府倾向于将污染严重的企业建立在边界区域，且零和博弈下这种行为将演化成更为普遍的"搭便车"现象③。且分权程度的提高会进一步加深环境效应溢出，污染负外部性进一步降低地方政府的环境期望。二是在产业环境塑造方面，中国沿海区域经济长期依赖于外部投资和市场需求扩张，地方政府为了短期内吸引足够外资并创造更多就业机会，会实施"竞次"环境管制，这将激发外资"污染避难所"的投资动机。且从要素趋利的角度看，当环境治理带来的收益不足以弥补资源流失的损失时，地方政府为追求更低生产和交易成本，会通过降低企业环境成本来增强资金、劳动和技术的流入向心力，并自发达成排他性制度障碍，增强对外来竞争和后来优势的边界阻碍效应，影响区域间资源配置效率和内生资本贡献率，环境治理的比例将进一步降低。三是从政府投资取向方面，中国环境问题主要归因于分权体制将经济发展与环境保护等民生支出置于对立面，在财政资金缺口不断扩张的情况下，资金配置会向

① Kunce M. , Shogren J. On Interjurisdictional Competition and Environmental Federalism [J]. Journal of Environmental Economics and Management, 2005 (4): 212 – 224.

② Wolf A. T. , Krame A. , Carus A. , et al. Managing water conflict and cooperation [J]. State of the world 2005: redefining global security, 2005: 80 – 95; Oates W. E. An essay on fiscal federalism [J]. Journal of economic literature, 1999 (3): 1120 – 1149.

③ Sigman H. Decentralization and Environmental Quality: An International Analysis of Water Pollution Levels and Variation [J]. Land Economics, 2014 (4): 114 – 130.

短期收益更高的生产性公共服务倾斜[①]，而海洋环境治理效果需要大规模长时间的资金和人力投入，在官员升迁考核体系更加注重经济收益和社会福利感知的分权体制下，地方官员在环境治理、研发转化方面具有更高的机会主义倾向[②]。从而损害了海洋环境的整体利益。根据现有研究可以绘制作用机制图（见图 6 - 2）。

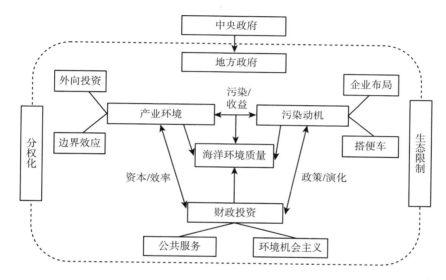

图 6 - 2　分权竞争对海洋环境质量的作用机制

第三节　地方政府间环境规制复制动态模拟

由于地方政府是在有限理性假设下对环境规制的执行强度作出决策，因此从环境污染和治理的外部性角度考虑，政府间环境管制强度是在动

---

　　① 蔡昉，都阳，王美艳．经济发展方式转变与节能减排内在动力 ［J］．经济研究，2008 (6)：9.

　　② 伍格致，游达明．财政分权视角下环境规制对技术引进的影响机制 ［J］．经济地理，2018（8）：37 - 46；Wu Gezhi, You Daming. The Influence Mechanism of Environmental Regulation on the Technology Introduction from the Perspective of Fiscal Decentralization ［J］. 2018（8）：37 - 46.

态博弈过程中逐渐达到稳定，因此可以使用复制动态机制对其进行模拟。

在假定中央政府设定统一经济发展模式、环境保护强度及污染治理标准的前提下，地方政府为了顺应"向上负责"的政治管理体制和财政分权下的经济考核体制，具有充分动机选择更偏向于保护当地经济的环境规制手段，辖区内企业在权衡排污风险与治污成本的条件下更倾向于与地方政府达成隐性契约，而这种机会主义倾向具有一定的溢出效应，一方面，地方政府的环境规制强度是以相邻区域作为参照，若其他地方政府更多执行高强度的环境规制，会给当地政府营造出中央更加严厉的监管和奖惩氛围，政治决策中的寻租行为被抑制，反之亦然；另一方面，受环境资源的公共池塘属性影响，某一地区的环境保护或污染行为也会对周边区域产生外溢，当所有区域均执行相同强度的环境规制时，环境质量的相对均质化分布使收益和损失在区域间得以分担，当某一地区转为执行低强度环境规制时，区域内的企业污染成本降低，但其他地区不仅要承担自身治污成本，而且要分担污染外溢造成的负向效应，政府和企业的治污意愿随之受到影响，长久会造成整体经济政策偏离于社会总体公共利益，使生态产品的供应让步于地方利益。因此需要中央政府建立更为科学的环境奖惩机制，通过激励约束引导地方和企业高标准遵守环境规制，既要提高信息不对称下地方政府的寻租成本，倒逼企业降低当地企业排污量，又要将地方污染成本内部化，使地方环境保护和经济生产方面的诉求达到相对均衡。

由于地方政府执行环境规制强度与周边地区有较大关联，因此随机抽取地方政府 a 和地方政府 b 参与反复博弈。其主要围绕经济增长管理区域内企业的环境干预行为，一方面投入人力、财力和物力对污染行为进行监测；另一方面是结合本地产业需求争取一定量政府奖励和补贴。若地方政府 a 执行高强度环境规制 $\overline{r_a}$，其所能降低的污染排放量为 P_a，消耗成本为 $\overline{c_a}$，若执行低强度环境规制 $\underline{r_a}$，其增加的污染排放总量为 T_a，消耗成本为 $\underline{c_a}$；若地方政府 b 执行高强度环境规制 $\overline{r_b}$，其所能降低的污染排放量为 Pb，消耗成本为 $\overline{c_b}$，若执行低强度环境规制 $\overline{r_b}$，其增加的污染排放总量为 Tb，消耗成本为 $\overline{c_b}$。考虑到地区间环境的溢出性，地方政府的支付行为的外部性与自身污染排放能力成相关关系，根据排放总量，地方政府 a 对政府 b 的外部溢出系数为 α_a，相反的地方政府 b 对政府 a 的外部溢出系数为 α_b，由于双方策略选择包括高环境规制和低环境规制，可以构建 2×2 的非对称博弈成本矩阵（见表 6 - 1）。

表 6 - 1　　　　　　　　　地方政府环境估值博弈成本矩阵

策略选择		地方政府 b	
		低环境规制	高环境规制
地方政府 a	低环境规制	$-T_a - \alpha_b T_b - \overline{C_a}$; $-T_b - \alpha_a T_a - \overline{C_b}$	$\alpha_b P_b - T_a - \overline{C_a}$; $P_b - \alpha_a T_a - \overline{C_b}$
	高环境规制	$P_a - \alpha_b T_b - \overline{C_a}$; $\alpha_a P_a - T_b - \overline{C_b}$	$P_a + \alpha_b P_b - \overline{C_a}$; $P_b + \alpha_a P_a - \overline{C_b}$

在复制动态的博弈过程中，地方政府在决策本地收益最大化过程中趋于稳定，而在权衡环境规制收益与环境规制成本过程中，若净收益大于零，将会有更高概率的政府选择执行高强度环境规制。相反，地方政府间将采取以邻为壑的方式放松管制强度，而我国长久以来对地方政府实行的是政治集权下的 GDP 考核体制，使官员晋升中的环境效益权重让步于经济扩张，极易造成政府间向下竞争的囚徒困境。因此中央政府负责制定一项总约束和激励机制，根据环境相对质量对其进行一定的惩罚和奖励，其主要原则为：在周边地区均执行严格环境规制的前提下，若地方政府在约束期内放松环境管制，则对其进行相应惩罚 H，而对于环境规制执行得力的地区，则通过转移支付、定向补贴等形式对其进行适当奖励，其奖励强度是根据地方考核体系对环境保护的重视程度 δ（$0 < \delta < 1$），以此为依据，地方政府在演化博弈中的效用矩阵可以进一步扩展（见表 6 - 2）。

表 6 – 2   地方政府演化博弈效用矩阵

博弈主体策略选择		地方政府 b	
		低环境规制	高环境规制
地方政府 a	低环境规制	$\delta(-T_a-\alpha_bT_b)-C_a;$ $\delta(-T_b-\alpha_aT_a)-\underline{C_b}$	$\delta(\alpha_bP_b-T_a)-\underline{C_a}-H;$ $\delta(P_b-\alpha_aT_a)-\overline{C_b}$
	高环境规制	$\delta(P_a-\alpha_bT_b)-\overline{C_a};$ $\delta(\alpha_aP_a-T_b)-\underline{C_b}-H$	$\delta(P_a+\alpha_bP_b)-\overline{C_a};$ $\delta(P_b+\alpha_aP_a)-\overline{C_b}$

以效用矩阵为参考，可以对地方政府的综合期望效益值进行推导，假设地方政府 a 意向执行高强度环境规制的概率为 x（0 < x < 1），选择执行低强度环境规制的概率为 1 – x，地方政府 b 意向执行高强度环境规制的概率为 y，选择执行低强度环境规制的概率为 1 – y。则 a 执行高强度环境规制的期望效益为：

$$\overline{B_a}=y\lfloor\delta(P_a+\alpha_bP_b)-\overline{C_a}\rfloor+(1-y)\lfloor\delta(P_a-\alpha_bT_b)-\overline{C_a}\rfloor \quad (6-1)$$

执行低强度环境规制的期望效益为：

$$\underline{B_a}=y\lfloor\delta(\alpha_bP_b-T_a)-\underline{C_a}-H\rfloor+(1-y)\lfloor\delta(-T_a-\alpha_bT_b)-\underline{C_a}\rfloor \quad (6-2)$$

则政府 a 执行环境规制的综合期望效益可以计算为：

$$B_a=x\overline{B_a}+(1-x)\underline{B_a} \quad (6-3)$$

地方政府 a 在博弈执行环境规制时的复制动态方程为：

$$F(x)=\frac{dx}{dt}=x(\overline{B_a}-B_a)=x(1-x)(\overline{B_a}-\underline{B_a}) \quad (6-4)$$

根据效益期望函数，可以继续推导为：

$$F(x)=x(1-x)(\delta p_a+\delta T_a+\underline{C_a}-\overline{C_a}+yH) \quad (6-5)$$

对于地方政府 b 而言，其在博弈中执行高强度环境规制的期望效益为：

$$\overline{B_b}=x\lfloor\delta(P_b+\alpha_aP_a)-\overline{C_b}\rfloor+(1-x)\lfloor\delta(P_b-\alpha_aT_a)-\overline{C_b}\rfloor \quad (6-6)$$

而执行低强度环境规制期望效益为：

$$B_b = x \lfloor \delta(\alpha_a P_a - T_b) - C_b - H \rfloor + (1 - x) \lfloor \delta(- T_b - \alpha_a T_a) - C_b \rfloor$$

$$(6 - 7)$$

因此执行环境规制的综合期望效益可以归纳为：

$$B_b = y \overline{B_b} + (1 - y) \underline{B_b} \qquad (6 - 8)$$

在博弈执行环境规制过程中地方政府 b 的复制动态方程为：

$$F(y) = \frac{dy}{dt} = y(\overline{B_b} - B_b) = y(1 - y)(\overline{B_b} - \underline{B_b}) =$$

$$y(1 - y)(\delta p_b + \delta T_b + C_b - \overline{C_b} + xH) \qquad (6 - 9)$$

在此动态演化博弈中，各地方政府的稳定状态使执行高强度环境规制和低强度环境规制的比例不再变化。而复制动态方程体现的是随着环境规制强度的提升政府边际效益增加量，因此分别令 F(x) 和 F(y) 等于零，可以得到政府的稳定状态值。通过求解，x 和 y 在 [0.1] 的取值范围内共存在 5 个稳定均衡点，其坐标分别为(0,0)、(0,1)、(1,0)、(1,1)和 $E(x^*, y^*) = (\dfrac{- \delta P_b - \delta T_b - C_b + \overline{C_b}}{H}, \dfrac{- \delta P_a - \delta T_a - C_a + \overline{C_a}}{H})$，为了进一步分析演化博弈过程中的稳定均衡条件，计算出雅可比矩阵为：

$$J = \begin{bmatrix} \dfrac{\partial F(x)}{\partial x} & \dfrac{\partial F(x)}{\partial y} \\ \dfrac{\partial F(y)}{\partial x} & \dfrac{\partial F(y)}{\partial y} \end{bmatrix} =$$

$$\begin{bmatrix} (1 - 2x)(\delta p_a + \delta T_a + C_a - \overline{C_a} + yH) & x(1 - x)H \\ y(1 - y)H & (1 - 2y)(\delta p_b + \delta T_b + C_b - \overline{C_b} + xH) \end{bmatrix}$$

$$(6 - 10)$$

根据 x 和 y 的取值，x^* 和 y^* 均在 [0, 1] 的区间取值，在临近政府博弈过程中，存在 $\delta P_b + \delta T_b + C_b - \overline{C_b} + H > 0$ 和 $\delta P_b + \delta T_b + C_b - \overline{C_b} + H < 0$ 两种情况，在中央政府干预下，当地方政府执行高强度环境规制的成本

增加不足以抵消排放量降低的奖励和考核效用时，其将转而执行更低水平的环境规制，反之，若地方政府在执行环境规制中获得的考核和奖励效益高于低水平环境规制的综合效益，其将继续执行高水平环境规制。其中在点（0，0）处博弈双方均不执行环境规制，表示在公共性环境治理行为中，环境收益尚不足以抵消规制成本对于政府的影响。点（1，1）表示地方政府均按照中央要求高标准执行本地环境规制，说明在竞争中环境对地方政府更具效益优势。根据以上分析，计算5个均衡点的稳定性（见表6－3）。

表6－3　　　　　　　　　　　雅可比矩阵稳定性分析

均衡点	DetJ	TrJ	稳定性
O（0，0）	+	－	ESS
A（1，0）	+	+	不稳定
B（0，1）	+	+	不稳定
C（1，1）	+	－	ESS
D（x，y）	－	0	鞍点

由表6－3可知，5个均衡点中只有A（0，0）和C（1，1）属于稳定均衡点，在［0，1］的投影面积内，以折现ADB为边界，将政府行为分为ADBO区域即相邻地方政府执行（高强度环境规制，高强度环境规制）和ADBC区域即相邻地方政府的行为（不执行环境规制，不执行环境规制）。当地方间环境规制初始强度在ADBO范围内，执行高强度环境规制的地方政府比率将逐渐提高，最终收敛于（1，1）状态，达到帕累托最优。当初始状态属于ADBC区域内时，博弈双方将收敛于（0，0）状态，地方政府行为将收敛于均不执行环境规制，陷入囚徒困境。具体演化过程如图6－3所示。

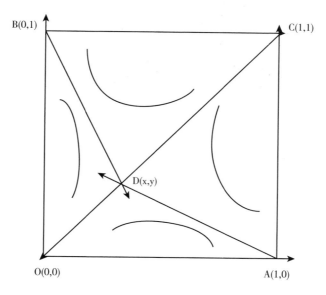

图 6-3　地方政府博弈过程中环境规制选择演化

通过 ADBC 的面积可以描述地方政府间达到优化均衡的概率，面积越大说明由初始状态向最优状态演化博弈的概率越大，其具体计算公式为：

$$S_{ADBC} = 1 - \frac{1}{2}(x^* + y^*) = 1 - \frac{\overline{C_a} - \underline{C_a} + \overline{C_b} - \underline{C_b} - \delta(P_a + T_a + P_b + T_b)}{2H}$$

$$(6-11)$$

此时鞍点位置决定了地方执行高强度环境规制的概率，其移动方向受到 10 个变量的影响，且均与其存在单调关系，具体影响方向如表 6-4 所示。

表 6-4　　　　　　　　变量增加的影响关系

变量	鞍点影响关系	面积影响关系
$\overline{c_a}$	上移	减小
$\underline{c_a}$	下移	扩大
$\overline{c_b}$	右移	减小

续表

变量	鞍点影响关系	面积影响关系
c_b	左移	扩大
Pa	下移	扩大
Ta	下移	扩大
Pb	左移	扩大
Tb	左移	扩大
δ	左移、下移	扩大
H	左移、下移	扩大

由表6-4可知，除高水平环境规制的治理成本以外，其他变量的均有利于博弈状态向最优状态收敛，说明地方政府自身环境治理的成本越低，执行高强度环境规制的污染消减量越大、执行低水平环境规制时当地污染增加量越多、政绩考核中环境质量的权重越高以及政府转移的环境保护补贴越高，地方政府会在预期收益提高的情况下，逐渐提高环境治理积极性，在演化博弈中更倾向于执行高强度环境规制。需要注意的是，虽然环境污染和治理效应存在溢出属性，但并未对地方政府的环境治理决策产生影响，主要是因为相邻政府的规制强度多在模仿竞争中的趋于一致，规制成效的差异性有限。

第四节　沿海区域海洋环境特征及溢出

一、环境溢出概念及特征

有学者认为地方分权下的环境"碎片化"治理模式使制度成为微观主体资源开发和经营的决定因素，这种效果对于公共性更强的海洋环境更为明显，主要是由于海洋资源与环境的空间流动性和不可分性更有利于地方政府采取搭便车的治理措施，分权体制下不同参与主体间利益分配和管制方式的转化将会使海洋环境的取向产生偏差①。现有研究在影响范围和影响能力方面尚未达成统一结论，其重要原因是在分析分权竞争及环境规制效应前未将海洋生态环境的溢出性进行合理评价。

环境溢出主要来源于环境自身的外部性属性，自庇古（1930）研究火车废气所引发的福利损失问题以后，环境溢出就成为经济学和环境学研究的重点，直至 20 世纪 60 年代环境运动盛行，学者通常将经济发展与环境问题作为对立面研究负外部性带来的交互效果。

在研究环境溢出之前需要对环境系统的区域性概念进行界定，根据环境经济学的定义，环境区域与经济区域、行政区域的主要区别在于其是根据环境功能的相对独立性进行的空间界定，界定依据排除了人为因素造成的自然功能分割，可以包括一段河流流域、一片森林或一片海域，因此环境区域具有一定的利益相关性和功能整体性，并不像经济区域那样存在利益分割，各地为了追求自身福利最大化不惜牺牲整体利益，而环境溢出的根本原因是分割地域为了获取环境更多的经济属性而进行的超限开发行为，主要包括自然资源内生价值因素和经济活动外生不良因素，其中经济目标最大化是人为因素最主要的驱动力，而环境经济的外在性是导致环境区域与经济区域不均衡的根本原因，因此在分析环境溢出时离不开针对环境经济活动进行分析。

假设存在两种环境生产活动 a 和 b，且活动 b 经济行为包括投入 I_a 和产出 E_a，且均会对活动 a 产生外部性，则 a 的产出可以定义为：

$$E_a = f_a(I_a, I_b, E_b) \tag{6-12}$$

其中，$\dfrac{\partial E_a}{\partial E_b} \neq 0$，$\dfrac{\partial E_a}{\partial I_b} \neq 0$

① 王泽宇，崔正丹，孙才志，等. 中国海洋经济转型成效时空格局演变研究［J］. 地理研究，2015（12）：2295 - 2308；Brannstrmo C. Decentralising water management in brazil［J］. The European journal of development research, 2004（1）：214 - 234；Konisky D. M., Woods N. D. Environmental policy, federalism, and the Obama presidency［J］. Publius：the journal of federalism, 2016（3）：366 - 391；祁毓，卢洪友，徐彦坤. 中国环境分权体制改革研究：制度变迁、数量测算与效应评估［J］. 中国工业经济，2014（1）：31 - 43.

如果在活动 b 的边际产出增加的情况下活动 a 的边际产出减少，则说明 b 的外部性为负，相反如果活动 b 的边际产出增加时活动 a 的边际产出增加则为正外部性。除此之外，各生产环节之间、生产与消费之间也存在明显的技术关联，也会对上下游环境经济活动产生影响，这种区域间因为环境经济外部性导致的交互影响均为环境溢出。

根据被溢出区域的影响结果，环境溢出包括正向溢出和负向溢出，近年来由于区域空间体系和产业结构多处于不均衡的竞争状态，导致针对环境的经济行为多表现出负溢出现象，比如在鱼苗繁殖和发育期过早开采，将会导致捕捞期渔民不能获取足够的成年鱼种；工业集聚区烟尘排放会加剧周边区域的大气污染。河流流域上游超出自净能力的废水排放会导致下游水质恶化，影响正常生活和经济活动。当环境的生态价值高于直接经济价值时，环境经济的正向溢出开始显现，如城市公园的修缮将提高周边地区的生态涵养功能，提升居民的环境感知度；城市发展清洁能源能够减少针对水体的排放强度，周边区域的环境质量也将得以改善。

根据经济活动的生产属性和消费属性，以及溢出现象出现的环节，环境溢出可分为生产性溢出和消费性溢出。其中生产性溢出指在开采、加工、养殖等环节进行的经济活动所产生的溢出行为，例如果园与养蜂场之间存在典型的生产性溢出现象，蜜蜂在采蜜的同时能够帮助果园的树木授粉，而果园在花开季节又是天然的蜂蜜供给源，二者在相互溢出中逐渐受益。消费性溢出指发生在特定消费环节所出现的环境经济溢出现象，如新培育的鱼苗资源通过销售进入市场，不仅能使养殖者自身获益，而且能给消费者带来更多口感享受。

根据环境经济溢出的影响层级和影响尺度，可以将其分为地方性溢出、区域性溢出和全球性溢出。其中地方性溢出表示溢出的源头和溢出的对象尚未突破环境系统自身边界，如城市工地的烟尘、农村池塘的污染等。区域性溢出表示环境溢出对象已经超出环境系统自身边界，会对除源头地以外的区域环境产生影响，例如海上钻井、渔场养殖等。而全球性溢出则表示环境溢出行为已经突破某一固定环境地域，对全球环境系统产生影响，如全球气候变暖、某些重大溢油事件等。

二、研究方法与数据处理

根据分析可以发现，环境自身的外溢并不会对周边区域产生超出自净能力的负面影响，但各经济主体为了获取更多经济收益，会将自身利益最大化凌驾于整体环境经济权益之上，并在影响自身环境属性的同时享受更多外界环境所带来的价值，若某一地区或某一环境系统在经济发展过程中坚持环境至上原则，其会通过产业关联、技术模仿、社会意识等途径影响周边区域的经济思想，并进一步影响当地环境经济质量，相反，若某地执行的是相对宽松的环境标准，不仅会将自身环境负外部性结果传导至周边区域，还会改变其他地方经济发展思想和发展方式，环境的经济属性溢出是环境溢出最不容忽视的视角。因此必须从海洋经济生态化的溢出视角考察我国海洋环境经济溢出现象。本章节主要选取两种方法。

（一）核密度估计

在概率论中，核密度估计是使用非参数检验的方式估计出已知参数的密度函数，估计公式为：

$$\hat{\int}_h(x) = \frac{1}{nh}\sum_{i=1}^{n} K\left(\frac{x - x_i}{h}\right) \qquad (6-13)$$

式（6-13）中：$\int_h(x)$ 即和密度估计值，n 表示观测值个数，h 表示带宽。通过核密度估计值可以反映出中国海洋经济生态化水平的数值分布趋势和演变特征。

（二）空间相关性检验

空间自相关主要是用以解决观测数据在功能区是否存在空间聚集现

象，也可反映出空间现象是否存在边界溢出。空间自相关可分为全局空间自相关和局部空间自相关，全局空间自相关是从整体视角测算空间数据是否存在集聚和溢出现象，局部空间自相关则是对每个观测主体进行分类，测算其与周边地区是否构成空间集聚，在此主要使用全局空间自相关，公式为：

$$\text{GlobalMoran's } I = \frac{\sum\limits_{i=1}^{n}\sum\limits_{j=1}^{n} W_{ij}(X_i - \bar{X})(X_j - \bar{X})}{S^2 \sum\limits_{i=1}^{n}\sum\limits_{j=1}^{n} W_{ij}} \qquad (6-14)$$

$$S^2 = \frac{1}{n}\sum_{i=1}^{n}(X_i - \bar{X})^2, \quad \bar{X} = \frac{1}{n}\sum_{i=1}^{n} X_i \qquad (6-15)$$

式（6-14）和式（6-15）中：X_i 和 X_j 表示地区 i 和地区 j 的观测值，W_{ij} 表示空间权重矩阵。I 取值介于 -1 和 1 之间，I 显著大于 0 表示样本观测值在空间分布上存在正相关，即相近观测值存在集聚现象，区域间存在溢出，且表现出正外部性。I 显著小于 0 则表示在空间分布上存在负相关，即差距较大的观测值趋于集中分布，也存在溢出现象，但主要以负外部性形式溢出，I 越趋向于 0 说明存在随机分布趋势，即溢出现象较小。

（三）空间权重构建

由于空间权重矩阵直接决定了地理空间单元间的复杂互动关系，因此既有研究结合自身研究特点衍生出邻接、地理反距离、经济距离等诸多界定方法。鉴于沿海省份空间分布的链式特征及海洋环境治理以邻为壑的传导能力，因此选取地理距离权重矩阵反映不同省份间环境治理的交互影响：

$$w_{ij} = \begin{cases} 1 \cdots \text{if} d_{ij} \leqslant d_{ik} \\ 0 \cdots \text{if} d_{ij} > d_{ik} \end{cases} \qquad (6-16)$$

式（6-16）中，d_{ij} 表示与省份 i 与 j 的空间距离，d_{ik} 表示距离临界值，表示距离 i 空间最近的第 k 个省份的距离，本书结合中国沿海省份的分布特征，将其定义为4。

（四）数据处理和主要来源

经济生态化是把经济系统和生态系统作为有机统一部分，通过对产业投入产出部门进行统一优化耦合以达到高效、低耗、绿色的经济发展过程。国内外学者从单一数值、指标体系和模型模拟等不同方法对经济生态化进行测算，其中以 DEA（数据包络分析）最为流行，本书选取以企业非最优规模运营为假设的规模收益可变的投入产出模型（VRS 模型），其基本公式为：

$$\max_{u,v}(u'q_i)$$
$$v'x_i = 1$$
$$St : u'q_j - v'x_j \leq 0, \ j = 1,2,\cdots,I \qquad (6-17)$$
$$u,v \geq 0$$

式（6-17）中：I 表示沿海 11 个省份，x_i 与 q_i 分别表示城市 i 的投入和产出向量，u 和 v 分别表示产出和投入权数的向量。然后根据对偶性线性规划的特征，对其进行推导：

$$\min_{\theta,\lambda} \theta$$
$$-q_i + Q_\lambda \geq 0$$
$$St : \begin{array}{l} \theta x_i + X_\lambda \geq 0 \\ I1'\lambda \leq 1 \end{array} \qquad (6-18)$$
$$\lambda \geq 0$$

式（6-18）中：X 表示 11 个省份的要素投入矩阵，Q 表示产出矩阵，λ 表示 11×1 的常数项量。

在投入产出变量选择方面，本书在投入性指标方面主要选取确权海域面积、省市用水量、标准煤消耗量、海洋科研机构投入经费、涉海就业人员数。产出指标主要分为合意性和非合意性产出指标，其中合意性产出为地区海洋经济总产值，非合意产出包括工业废水排放量、一般工业固体废物倾倒量、工业 SO_2 排放量。

本章节相关数据来自 2009 ~ 2018 年《中国海洋统计年鉴》《中国环境统计年鉴》，以及各省的统计年鉴，部分缺失数据通过各省统计局和海洋局官方网站获取。

三、实证分析

为分析中国海洋经济生态化的区域演化差异，在整体分析的基础上依据 natural break 法对 2008 年、2013 年和 2017 年各省份得分进行分级，借助 ArcGIS10.2 软件对分级结果进行可视化并分别命名为高水平区、中水平区和低水平区。结果如表 6 – 5 所示。

表 6 – 5　　　　　2008 年、2013 年和 2017 年海洋经济生态化空间等级分布

省份	2008 年	2013 年	2017 年
辽宁	低水平	低水平	低水平
天津	中水平	中水平	中水平
河北	高水平	中水平	中水平
山东	中水平	中水平	中水平
江苏	高水平	中水平	低水平
上海	高水平	高水平	高水平
浙江	高水平	中水平	中水平
福建	中水平	中水平	中水平
广东	高水平	高水平	高水平
广西	低水平	低水平	低水平
海南	低水平	中水平	低水平

总体而言，中国海洋经济生态化的等级分布由两极分化逐渐向中水平区集中，但各省区的变化态势存在较大差异。其中高值区数量由 2008 年的 5 个（河北、江苏、上海、浙江和广东）降为 2013 年的两个（上海和广东），至 2017 年则未变化。中值区在 2008 年 3 个（天津、山东和福

建）的基础上提升至 2013 年的 7 个（天津、河北、山东、江苏、浙江、福建和海南），而 2017 年海南和江苏又降至低水平区。2008 年低水平区的省区为 3 个（辽宁、广西和海南），至 2013 年降为两个（辽宁和广西），2017 年江苏和海南均下降一级，低水平区省区数量增至 4 个。

　　根据计算得出的海洋经济生态化水平，借助 Stata 13.0 软件，绘制出 2008 年、2013 年和 2017 年中国沿海省区市的核密度图（见图 6 - 4），可以反映出中国海洋经济生态化的整体溢出趋势。

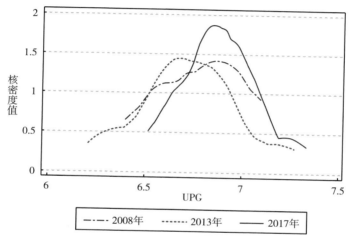

图 6 - 4　**2008 年、2013 年和 2017 年海洋经济生态化核密度估计**

　　从位置变化上看，图线呈现先左移后右移的变化趋势，说明中国的海洋产业布局并未脱离先污染后治理的传统路径，在两个时间断点左右端点的位移趋势与整体图形相符，表明中国内部各区域的海洋经济生态化趋势较为一致；从形状变化上看，2008 年海洋经济生态化核密度较为平缓，而随着时间推移其单峰态势逐渐明显，且峰值区域由 2008 年的偏右位置逐渐过渡到 2017 年的偏左位置，导致两个时间节点的峰值位置较为一致，说明区域海洋经济生态化的分化态势逐渐缩小，差距的缩小使地区间负向溢出现象得以缓解，但在趋同过程中面临进一步提升的瓶颈。从端点值变化看，右端变化幅度明显小于左端端点，说明海洋经济生态化水平较差的省区市更易受宏观政策和经济环境的影响。

　　根据区域性海洋经济生态化的空间布局，可以看出我国海洋经济转型存在明显的核心—边缘分化，上海与广东凭借较为完备的产业体系和高端涉海要素，使相对匮乏的海洋资源在环境调节下更具可持续开发能力，但结合上文结论说明其对中国海洋经济的溢出层级尚处于区域性级别，且更多通过负向溢出效应抑制周边地区的海洋经济生态化水平，对于总体的提升作用尚未凸显，而江苏、浙江、海南等周边省区虽在矿砂、渔业养殖等资源及海洋环境承载方面更具容量优势，但既定产业分工使其面临核心区域的竞争挤压，负向溢出效应更为突出，地方性环境管制与基础资源外溢使区域海洋经济生态化进程面临内外双重压力。

　　根据计算得出的海洋经济生态化水平，借助 Geoda 软件通过设定的空间关系矩阵计算得出全局 Moran's I 值，结果如表 6 - 6 所示。

表 6 - 6　　　　　　　　　　　空间自相关检验结果

年份	海洋经济生态化	
	Moran's I	Z-score
2015	− 0. 3649 ***	− 2. 9243
2014	− 0. 3306 ***	− 3. 5564
2013	− 0. 2084 *	− 1. 8268
2012	− 0. 2554 *	− 1. 9376
2011	− 0. 2363 *	− 1. 8843
2010	− 0. 2797 **	− 1. 9728
2009	− 0. 3094 **	− 2. 0079
2008	− 0. 2492 *	− 1. 8842
2007	− 0. 3120 **	− 1. 9883
2006	− 0. 3454 **	− 2. 0407

　　注：*，**，*** 分别表示通过了 10%、5% 和 1% 的显著性检验。

　　海洋经济生态化的 Moran's I 为负数，且最近两年的指数和显著性水平更高，说明相邻区域间存在更为明显的负相关关系。说明发达地区政府在海洋产业选择时会通过市场约束倒逼低效产能向周边地区转移，并自发形成中心—外围式产业分工，在此过程中表现出较强的负向外溢。2006～2015 年空间自相关指数呈现波动下降的趋势，表现出核心地区对于周边区域的负向溢出效应得以缓解，2015～2017 年下指数值快速降低，表现出相邻地区间的明显拉大，说明在新一轮环境经济发展中，中心地区与外围地区的功能定位出现分化，区域间对环境经济的使用更加集中于核心地区，而边缘地区则充当负向效用的容纳者。

第五节　区域性环境规制的效应分析

改革开放引入的市场竞争机制使中国走向了长期依赖资源环境以获取短期收益的发展道路，这给各地的生态环境造成了极大压力，因此由中央政府对各地发展模式进行约束，以转变传统"以环境换增长"的发展思路。其中重要的工具即环境规制，由于环境的经济属性和自然属性均具有外部性，因此必须借助政府的管理方式将这种外部行为的利益和损耗内部化。从执行方式上看，政府可以执行直接参与的行政手段，主要包括颁发强制性的排污许可证，下达企业整改通知、强制关停整改污染企业；也可采取经济手段对污染行为进行制约，主要分为正向制约和反向制约，正向制约多包括补贴、降税和押金返还等手段，而反向制约主要包括环境税、市场化排污许可制度等。

现在已经就环境规制的实施主体、针对对象、实施办法和实际目标进行了大量研究，谭娟和陈晓春（2011）等认为政府通过发挥其政治上的权威特质，通过营造制度性环境强制所辖企业和社会群体执行保护环境的法律制度和政策措施；凭借其市场手段激发或倒逼相关经济主体参与环境保护行动；利用其组织权力引导公众和社会团体共同参与环境保护的日常活动，并鼓励其自发从事环保行为等。因此环境规制并不能单一认为是政府参与环境经济的手段，而是对所有经济主体和社会主体进行环境开发约束的方式总和，不同的管理思想和方式理应形成不同的规制结果，因此在选取环境规制时应着重加以区分。

一、模型构建

考虑到海洋经济在政府环境政策干预下会存在"波特假说"和"成本假说"的综合效用，且不同的环境管制策略可能会对海洋经济生态化产生截然相反的约束或激励效果，在微观主体决策共同作用下二者可能存在非线性关系，因此在对环境规制的综合效应进行判断时引入一次项和二次项；考虑到经济发展可能存在路径依赖，遂在基础模型构建时引入海洋经济生态化水平的滞后一期项规避时间序列造成的偏误；为尽可能消除模型出现的多重共线性和异方差问题，各变量均进行了对数处理，模型公式为：

$$LnUPG_{it} = \alpha_0 + \rho UPG_{it-1} + \alpha_1 LnER_{it} + \alpha_2 LnER_{it}^2 + \alpha_3 LnFD_{it}$$
$$+ \alpha_4 X_{it} + \mu_i + \xi_t + u_{it} \tag{6-19}$$

在基础模型上引入核心变量的空间滞后项以规避因空间效应导致的内生性问题，目前常用的空间模型有空间滞后模型、空间误差模型和空间杜宾模型，前两者分别考虑了模型自变量和误差项的空间效应，而杜宾模型则将二者统一化，为更加详细地反映海洋经济的空间溢出效应，本书首先引入含有海洋经济生态化和环境规制的空间滞后项，构建动态空间杜宾模型。

$$LnUPG_{it} = \alpha_0 + \rho UPG_{it-1} + \beta_1 (WUPG_{it}) + \alpha_1 LnER_{it} + \alpha_2 LnER_{it}^2$$
$$+ \beta_2 (WLnER_{it}) + \alpha_3 LnFD_{it} + \alpha_4 X_{it} + \mu_i + \xi_t + u_{it} \tag{6-20}$$

式（6-20）中：UPG_{it} 为沿海省份 i 第 j 年的海洋经济生态化水平；ER_{it} 为省份 i 在时间 t 所采取的环境规制强度；FD_{it} 为 t 时期省份 i 的分权化程度；X_{it} 为控制变量；W 为空间权重矩阵；μ_i 和 ξ_t 为空间固定项和时间固定项用以控制样本空间差异和时间差异，υ_{it} 为误差项，下同。在模型中，α_1、α_2 和 β_2 为本书重点关注的估计参数，反映出环境规制对海洋经济生态化的本地效应和空间溢出效应。

二、数据选取与处理

（一）核心变量

由于不同的环境规制涉及的参与主体和管制目标存在较大差异，因此现有研究从多种角度度量环境规制强度，其中以治理投入和管制效果两个层面的指标最为普遍①，考虑到本书研究政府行为对环境规制效应的影响，因此以直接投入和间接调控两个方面作为衡量依据，参照现有研究②，将其分为市场激励型和治理投入型环境规制。市场激励型环境规制指政府通过税费和价格等市场调控手段将企业外部性污染成本内部化，倒逼其从事节能减排行为，对于海洋经济而言，其主要包括可交易的排污许可证制度、直接污染费及治污补贴等手段，本书选取单位面积征收海域使用金作为衡量数据。治理投入型环境规制指政府直接投入资本将外部化污染进行区域内部化处理的管制手段，本书选取单位海洋产值的治污投资作为代理变量。公式为：

$$ER1_{it} = \frac{CSU_{it}}{SA_{it}} \qquad (6-21)$$

$$ER2_{it} = \frac{IPC_{it} \times P_{it}}{MAR_{it}} \qquad (6-22)$$

式（6-21）和式（6-22）中：$ER1_{it}$ 和 $ER2_{it}$ 表示区域 i 在 t 年市场激励型和治理投入型环境规制强度，CSU 和 SA 表示征收海域使用金额和确权海域面积，IPC、P、MAR 分别表示工业污染治理投资额、海洋产业比例和海洋产业产值。

---

① 彭星，李斌. 不同类型环境规制下中国工业绿色转型问题研究 [J]. 财政研究，2016，42（7）：134-144.

② Bocher M. A theoretical framework for explaining the choice of instruments in environmental policy [J]. Forest Policy and Economics，2012（2）：14-22.

（二）控制变量

本书主要选取如下控制变量：（1）对外开放水平（FDI_{it}）：外向型经济作为沿海省份吸引高端要素的重要手段，会在国际产业链整合中影响区域经济的生态化分工，本书采用外商投资贡献率反映外向经济水平。（2）科技创新水平（RD_{it}）：经济生态化的根本路径在于通过创新转化增加资本产出效率，本书增加海洋科技创新水平控制对海洋经济生态化的影响。（3）基础设施水平（INF_{it}）：完善的基础设施有利于高端资本集聚并产生规模效应，并在产业地域分工中向高效生态转化。（4）海洋经济贡献度（EC_{it}）：海洋经济比重决定了其在区域经济中的主导能力，比重越大说明其发展过程受到政府管控的可能性也越大（5）金融支持力度（FS_{it}）：金融保障能力是地方企业转向生态化的重要考量因素，良好的融资环境更能保障转型期的沉没成本消耗。（6）资源禀赋水平（RE_{it}）：海洋经济作为资源导向型产业，其生态化过程本身就面临资源禀赋的倒逼机制影响。具体测算指标如表6-7所示。

表6-7 相关变量解释

变量名	符号	测算指标
对外开放水平	FDI	外商投资额/国内生产总值
科技创新水平	RD	海洋科技创新投入/海洋生产总值
基础设施水平	INF	公路总里程/区域面积
海洋经济贡献度	EC	海洋经济产值/国内生产总值
金融支持力度	FS	存贷款余额及保险收入/海洋经济产值
资源禀赋水平	RE	海岸线长度/年末总人口

为减少数据异方差对模型估计的影响，本书对所有指标均进行对数处理。为避免因变量多重共线性导致的模型估计偏误，首先对各变量间相关系数进行检验（结果见表6-8），然后测得平均方差膨胀因子是

3.58，小于5，结果均说明总体和个别变量并未存在严重多重共线性问题，因此选取相关数据。本节相关数据来自 2009～2018 年《中国城市统计年鉴》《中国海洋统计年鉴》《中国环境统计年鉴》《中国金融统计年鉴》《中国人口就业年鉴》，以及各省份的统计年鉴，部分缺失数据通过各省份统计局和海洋局官方网站获取。

表 6 - 8　　　　　　　　　　主要变量相关性检验

变量	(1)	(2)	(3)	(4)	(5)	(6)	(7)	(8)	(9)	(10)	(11)
UPG	1										
Ln(ER1)	-0.249	1									
[Ln(ER1)]^2	-0.255	0.890	1								
Ln(ER2)	-0.352	0.225	0.198	1							
[Ln(ER2)]^2	-0.214	0.196	0.080	0.840	1						
Ln(FD)	0.393	-0.233	-0.382	-0.359	-0.314	1					
Ln(FDI)	0.239	-0.346	-0.368	-0.27	-0.199	0.672	1				
Ln(RD)	0.213	-0.220	-0.267	-0.235	-0.146	0.577	0.428	1			
Ln(FS)	-0.072	0.353	0.375	-0.063	-0.070	-0.136	-0.307	0.049	1		
Ln(INF)	-0.216	0.354	0.311	0.367	0.220	-0.104	-0.278	0.052	0.084	1	
Ln(RE)	-0.221	0.009	-0.031	0.229	0.142	0.012	-0.090	-0.147	-0.283	-0.118	1
Ln(EC)	0.270	-0.478	-0.485	-0.353	-0.257	0.229	0.389	0.208	-0.413	-0.268	0.026

三、实证分析

为了检验面板数据回归是否存在因个体差异或时间差异造成的估计偏误，在做空间计量分析之前需对模型的固定效应和随机效应进行判断，本书采用 Hausman 检验对空间杜宾模型进行检验，引入市场激励性 ER1 和治理投入型 ER2 的 Hausman 统计量分别是 39.3348 和 20.2157，且 P 值均拒绝了随机效应原假设的显著性检验，因此使用时间空间双固定空间杜宾模型，计量结果如表 6 - 9 和表 6 - 10 所示。

表 6 - 9 市场激励型环境规制与海洋经济生态化空间计量结果

规制类型	市场激励型环境规制			
模 型	1	2	3	4
Ln(ER1)	0.0481 *** (3.37)	0.0405 *** (2.83)	0.0196 (0.27)	0.0369 *** (2.58)
[Ln(ER1)]²			0.0032 (0.26)	- 0.0017 (- 0.13)
W×Ln(ER1)		- 0.0237 *** (- 2.63)		- 0.0255 *** (- 2.70)
Ln(FD)	- 0.0546 (- 0.37)	- 0.1081 (- 0.75)	- 0.0321 (- 0.24)	- 0.0549 (- 0.41)
Spatial rho	- 0.0351 ***	- 0.0108 **	- 0.0343 ***	- 0.0252 ***
空间固定	YES	YES	YES	YES
时间固定	YES	YES	YES	YES
Obs	110	110	110	110
R²	0.2894	0.3673	0.3121	0.3752
Log-L	137.6134	139.5118	134.2517	143.2732

注: *，**，*** 分别表示通过了 10%、5% 和 1% 的显著性检验，括号内为 z-score。

表 6 - 10 治理投入型环境规制与海洋经济生态化空间计量结果

规制类型	治理投入型			
模 型	5	6	7	8
Ln(ER2)	0.0183 (1.21)	0.0421 *** (2.94)	- 0.2693 *** (- 4.87)	- 0.2832 *** (- 5.24)
[Ln(ER2)]²			0.0257 *** (5.12)	0.0261 *** (5.27)
W×Ln(ER2)		0.0239 *** (2.63)		0.0193 *** (2.76)
Ln(FD)	- 0.0206 (- 0.12)	- 0.1074 (- 0.74)	- 0.1339 (- 0.93)	- 0.2141 (- 1.59)

续表

规制类型	治理投入型			
模型	5	6	7	8
Spatial rho	0.0515	−0.0108	−0.0999 ***	−0.0898 **
空间固定	YES	YES	YES	YES
时间固定	YES	YES	YES	YES
Obs	110	110	110	110
R^2	0.1983	0.3373	0.3074	0.3692
Log − L	131.9522	141.1559	143.2181	147.3379

注: *，**，*** 分别表示通过了10%、5%和1%的显著性检验，括号内为 z-score。

Ln(ER1)的一次项系数为正值，且大多通过了1%的显著性检验，但二次项回归系数取值不稳定，且并未通过显著性检验，说明中国市场激励型环境规制与海洋经济生态化之间仅存在单纯的正向相关关系。针对面向海洋排放废水、废气和固态废弃物的污染企业，中国政府主要按照单位排放量实施税收管制，而海洋资源可持续利用和海洋环境保护相关的治理体系和保障体系尚不完善，微观企业对于负外部效应内部化的管制措施能够做出更直观反应。

Ln(ER2)的一次项系数为负值，通过了显著性检验，而二次项系数为正值，也通过了显著性水平为1%检验，说明治理投入型环境规制与海洋经济生态化之间存在正"U"型关系，在投入能力达到一定拐点之前，地方政府和企业将有限资本用于污染治理，一定程度上减少了技术创新等可持续性措施的实施，致使创新补偿效应尚低于治污直接效应，根据计量结果发现目前中国沿海省份分权化程度均低于相应的拐点值5.15，处于"U"型关系的左侧。当治理投入提升到一定水平之后，不仅政府对海洋废弃物的治理手段达到规模效应，而且企业在污染治理方面的人才、设备和技术等创新要素得以提升，环境规制的正向影响逐步凸显。

将环境规制的空间溢出效应 W × Ln(ER1)和 W × Ln(ER2)加入模型

中后，市场激励型和治理投入型环境规制的空间滞后项均通过了1%的显著性检验，显示出不同的区域性环境管制措施均会对周边区域的海洋经济生态化产生溢出影响。市场激励型环境规制的符号为负，中国沿海区域属于经济转型和产业结构调整的先行区，部分地区在实施严格环境规制的同时，为保证整体海洋经济持续增长，会以自上而下的方式协调周边地区放松管制强度以吸收高耗产能，因此在对本地海洋产业形成倒逼效应的同时，也会造成临近区域成为"污染避难所"。治理投入型环境规制属于事后规制行为，更便于地方政府采取较强的战略规制模仿，其回归结果为正，一方面说明地区间的海洋经济治理体系形成一定标尺竞争，另一方面也验证了在海洋公共池塘资源使用方面，局部性治理行为同样会改善整体区域经济生态系统。

因变量空间滞后项的回顾系数普遍为负，且多通过了不同程度的显著性检验，这与前文空间相关性检验结果相一致，说明海洋经济生态化过程中依然存在以邻为壑动机，区域整体协调能力有待提升。分权化回归结果虽为负值，但均不显著，说明其并未对区域海洋经济产生直接影响，而是作为间接调节因素。

总体而言，地区间环境政策的异质性不仅会对本地海洋经济的发展方式产生影响，也会对共享同一海洋环境容量的邻近地区产生作用，说明，在进行海洋环境管理时，除了从产业端关注环境公共池塘可能造成的污染溢出行为，更应从制度层面关注因政府竞争造成的企业污染逃避，这是阻碍我国环境统筹治理的重要原因。

第六节　经济竞争对环境规制效应的影响分析

造成海洋环境质量存在较大差异的因素有很多，除了海岸自然条件和沿岸产业经济状况之外，还包括由管制主体和管制客体组成的行为机制对区域环境经济的影响，主要是通过中央政府约束地方政府的发展目标以影响其区域经济发展方式，这在我国尤为突出，我国自 1994 年实施分税制改革以后，实施了"政治集权"与"经济分权"的激励考核体制，地方政府拥有更多财政自主权和裁决权发展地方经济，极大地激发了地方使用自身环境资源发展经济的积极性。与此同时，我国长期遵循的唯 GDP 考核的官员晋升标准使地方有权限牺牲当地环境的非经济目标以获取短期利益，在此过程中相邻政府间不仅会自发达成策略模仿行为，而且由于上级政府政绩考核往往以周边地方为参照，而环境经济不仅能给当地带来综合效益提升，而且会加大周边地区的外部成本，因此分权化形成的政府竞争很可能引起政府间竞争策略，具体影响机理如图 6 – 5 所示。

关于政府间环境规制的竞争行为，主要形成三种观点：第一种是标尺竞争，即如果对地方官员的晋升考核着重于从环境质量的角度加以评价，或者重点关注居民的环境获得感，那么地方政府将竞相提升产业准入标准，对高污染企业或其他部门实行限制措施，这样才能吸引民众"用脚投票"，达到"竞争向上"的结果①，与此相反，若对于地方政府的考核体系过多注重经济指标的增长，则地方政府为了保持自身产业优势，避免自身高产值高耗能产业流出外地，会选择放任污染的方式为其节省成本，此时各地间竞争的方式变成了"竞次向下"②。第三种则为差别化竞争，由于不同发展阶段的地区对于环境价值的认知能力存在差异，发达地区为了保持对于高端要素的向心力，会拟合其环境期望选择相对较严格的环境规制，与此同时欠发达地区会借机执行低强度环境规制，目的是能够吸引发达地区淘汰产能以提升自身产出。国内研究通过实证发现，地方政府间可能存在"逐底竞争"的环境规制标准③，也可能根据

① Frednksson P. G., Millimet D. L. Strategic interaction and the determination of Environmental Policy across U. S. States [J]. Journal of Urban Economics, 2002 (1)：101 – 122.

② Barret S. Strategic environmental policy and international trade [J]. Journal of Public Economics, 1994 (3)：325 – 338.

③ 张华. "绿色悖论"之谜：地方政府竞争视角的解读 [J]. 财经研究, 2014 (12)：114 – 127.

所处的发展阶段和周边环境制定"差异化策略"①，在此情况下针对海洋环境，地方政府在选择经济发展方式的时候是否会受到周边竞争的影响？这种政府竞争对于环境规制的影响是正向的还是反向的？这是探讨海洋环境规制能顺应各级政府经济目标、达到海洋环境可持续的关键，机理如图6-5所示。

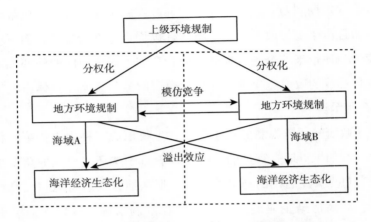

图6-5　分权竞争对海洋环境规制的影响机理

　　为了探讨分权化导致的地方政府竞争对环境规制的影响，在上一节基础上为分析中国式分权体制下在各类环境规制的响应对海洋经济生态化发展的空间影响，主要通过引入环境规制与分权化的交互项，得出模型（6-23）：

$$LnUPG_{it} = \alpha_0 + \rho UPG_{it-1} + \beta_1(WUPG_{it}) + \alpha_1 LnER_{it} + \alpha_2 LnER_{it}^2$$
$$+ \beta_2(WLnER_{it}) + \alpha_3 LnFD_{it} + \theta_1 LnFD_{it} \cdot LnER_{it}$$
$$+ \theta_2 WLnER_{it} \cdot LnFD_{it} + \alpha_4 X_{it} + \mu_i + \xi_t + u_{it} \quad (6-23)$$

　　以财政分权为代表的中国分权化管理体制增强了区域性经济动机，尤其会对海洋经济这类外部性较强的经济系统的区域内部和区域间经济

　　①　张文彬，张理芃，张可云. 中国环境规制强度省级竞争形态及其演变——基于两区制空间 Durbin 固定效应模型的分析［J］. 管理世界，2010（12）：34-44.

策略产生深远影响，因此通过加入财政分权与环境规制交乘项的方式研究其影响方式究竟如何，结果如表 6 – 11 和表 6 – 12 所示。

表 6 – 11　　　　　　地方竞争调节市场激励型环境规制结果

环境规制类型	市场激励型	
效应	总效应	效应分解
模型	9	10
Ln(ER1)	– 0. 5906 ***	– 0. 5059 **
	(– 2. 57)	(– 2. 43)
[Ln(ER1)]²	0. 0009 *	– 0. 0095 ***
	– 0. 07	(– 0. 85)
W × Ln(ER1)		– 0. 2032
		(– 4. 96)
Ln(FD) × Ln(ER1)	0. 1462 ***	0. 1390 ***
	– 2. 74	– 2. 9
W × Ln(FD) × Ln(ER1)		0. 0452 ***
		– 5. 09
Ln(FD)	0. 4020 *	0. 3271 *
	– 1. 91	– 1. 72
Spatial rho	– 0. 0256	– 0. 2216 ***
	(– 0. 85)	(– 4. 41)
控制变量	YES	YES
空间固定	YES	YES
时间固定	YES	YES
Obs	110	110
R²	0. 6932	0. 7444
Log – L	95. 9854	107. 0045

注：*，**，*** 分别表示通过了 10%、5% 和 1% 的显著性检验。

表6-12   地方竞争调节政府投入型环境规制结果

规制类型	政府投入型	
效应	总效应	效应分解
模型	11	12
Ln(ER2)	0.2371	0.1964
	-1.3	-1.23
[Ln(ER2)]²	0.0274***	0.0241***
	-5.48	-5.45
W×Ln(ER2)		0.0907
		-1.49
Ln(FD)×Ln(ER2)	-0.1219***	-0.1094***
	(-2.94)	(-2.91)
W×Ln(FD)×Ln(ER2)		-0.0225
		(-1.63)
Ln(FD)	0.34	0.1118
	-1.55	-0.53
Spatial rho	0.0895**	-0.1338***
	-2.49	(-2.68)
控制变量	YES	YES
空间固定	YES	YES
时间固定	YES	YES
Obs	110	110
R²	0.1343	0.3968
Log-L	173.9889	149.1284

注: *, **, ***分别表示通过了10%、5%和1%的显著性检验。

根据表6-11中模型（9）和模型（11）可知，分权化与两类环境规制的交乘项均在1%的置信水平上显著，但二者的符号相反：其与市场激励型环境规制交乘项的回归系数为正，说明了在地方化经济格局背景下，分权强度的提高确实增强了地方的市场激励措施对海洋经济生态化的影响。而分权化与治理投入型环境规制交乘项的回归系数为负。说明在总调节方面，分权体制抑制了地方政府和微观企业在治理投入方面对海洋经济生态化的影响，即此阶段分权程度越高的地区其资源环境整治更不利于生态化发展。

表 6－11 中模型（10）列和模型（12）列反映了分解后得到的分权化空间调节作用。直接调节效应方面，本地分权化调节本地市场激励型环境规制的系数在 1% 的置信水平上显著为正，说明分权体制在既定的经济考核体制下，会刺激地方政府加强规制强度，进一步倒逼涉海企业生态转型。其调节本地治理投入型环境规制影响海洋经济生态化的系数在 1% 的置信水平上显著为负，治理型环境规制本身属于主动型管制措施，分权化水平越高标志着地方政府具有更多的治理权限，在规制强度与海洋经济生态化间仍处于负向关系时，地方政府若增加海洋环境事后治理投入反而拖累了海洋经济转型步伐，加重了环境规制的负面影响。

模型（10）列和模型（12）列同样可以反映财政分权对环境规制空间溢出效应的调节作用，其对市场激励型环境规制的空间溢出效应在 1% 的显著性水平下存在正向调节作用，周边区域分权化的提高进一步刺激了政府采取更加严格的环境规制措施，在加速周边海洋企业生态转型的同时，也为本地区以搭便车的方式吸收先进技术提供了可能，进而缩减了因环境规制自身原因导致的区域间生态化差异增加。分权化对治理投入型环境规制空间溢出效应的调节作用虽为负值，但未通过显著性检验。

海洋环境的质量极大程度的依赖于各地政府执行环境规制的方式与强度，而受限于环境资源的公共性和溢出性，在我国特殊的分权体制下，各地在执行环境规制管理海洋环境的时候会采取经济激励引导下的环境管制行为，这就很容易造成因相互竞争导致的环境过度利用。借助 2008～2017 年中国沿海 11 个省份相关数据，借助 ArcGIS 10.3 和 Stata 13 等软件，运用核密度估计、空间探索性分析、空间计量模型等方法，对中国分权体制下环境规制对海洋经济生态化的影响进行分析，结论如下：

（1）空间演化方面，各省区市的海洋经济均未脱离先污染后治理的发展路径，区域间差异逐渐缩小，但发达地区的生态化压力增大。各省区市的等级分布由两极分化逐渐向中水平区集中转变，上海和广东与周边区域的差异更加明显。海洋经济生态化水平、市场激励型环境规制表现出负向空间自相关性，而治理投入型环境规制的相关系数显著为正。

（2）海洋经济生态化受到市场激励型环境规制的正向线性影响，但其与治理投入型环境规制间则表现出"U"型关系，且各样本尚处于转折点左端的负向影响阶段。两种环境规制均会对周边区域的海洋经济生态化产生溢出影响，市场激励型环境规制会产生区域间以邻为壑动机，治理投入型环境规制则会形成一定程度的向上竞争行为，二者的作用方向相反。科技创新水平、金融支持力度，海洋经济贡献率和资源禀赋水平等因素也会影响海洋经济生态化。

（3）分权化在总调节方面增强了市场激励型环境规制对海洋经济生态化的影响，并使治理投入型环境规制的影响进一步放大。通过分解发现，分权化在进一步强化市场激励型环境规制对本地涉海企业生态转型影响的同时，也会以技术外溢形式改善其对周边区域的负向影响。现阶段治理投入型环境规制的直接负向影响则会随着分权程度的提升而增大，而其溢出效应对于分权化的响应则不显著。

基于主要结论，提出以下建议：

（1）建立健全海洋环境保护政策法规体系。市场激励型环境规制的直接效应和溢出效应存在较大差距，一定程度上归结于区域间管制强度和管制方式存在较大差别。应在顶层设计和分区实施方面进一步完善海洋环境治理的法规、制度及政策。应在充分尊重市场配置的基础上，建立涵盖海洋排污许可制度、信贷税收优惠政策、技术扶持政策等的政府干预措施，有效避免政府竞争造成的市场失灵和政府失灵。对实施成效较好的区域性法规政策应总结经验，并宣传推广至其他地区，以扭转其对于周边区域的负向溢出效应。

（2）增强区域间海洋产业转移补偿机制。核心区域海洋经济生态化过程会对周边区域产生负外部性影响，所以应该通过转移支付、产业协同等方式分担海洋环境治理成本，同时建立激励与约束相协调的利益共享机制，在统筹传统行业转移的同时引导人才、设备及技术形成跨区域协作，带动周边区域加快生态化进程。

（3）有效发挥分权体制在调节地方政府环境规制方面的重要作用。一方面，上级政府通过提升海洋环境相对考核绩效引入标尺竞争来激励地方政府加强对海洋经济生态化的重视，尤其是在瓶颈期，更应提升各经济主体对环境管制倒逼机制的敏感性。另一方面，应进一步明晰中央与地方财政的事权划分，适当上收环境治理支出权限，提高技术改造在专项转移支付中的比例，补偿地方政府在环保事务投入中的正外部性，发挥地方政府在科技、教育、公众福利等方面的信息优势，因地制宜吸引海洋高端要素集聚，规避因财权与事权不协调导致的区域性环境规制的负面影响。

第七章　资源环境约束下海岸带涉海产业统筹性实践

7

20 世纪以来，各国在积极融入世界经济体系的过程中均遵循了向海转移的空间组织规律。但是海岸地带凭借丰富且独特的资源环境基础承载起人类无节制的开发建设，使其成为人海矛盾、陆海矛盾乃至人地矛盾最为突出的区域。海洋作为支撑我国经济发展的蓝色国土，在培育以外向型经济为引领的海岸带产业组织体系时起到了关键作用，尤其是地方政府在市场化竞争和经济激励考核刺激下，纷纷建立起以海洋资源环境作为支撑的支柱产业，形成了以长三角、珠三角和环渤海为代表的密集产业带，但是受制于缺乏统一的产业规划引领，各地区间的产业职能和规模多以自身规模收益为目标，最终造成产能重叠、资源低效、环境质量下降等问题，因此涵盖城市——区域的新型空间治理组织是解决海洋资源环境的必然选择。

第一节　空间资源配置的理论与问题

我国自 2005 年提出海洋强国战略以来不断调整向海布局，力图通过产业体系和城镇体系的更新与协作来破解低端产能过剩与资源环境压力过大之间的矛盾，以提升整体海洋经济质量。在中共中央政治局第八次集体学习时，习近平主席强调："21世纪，人类进入了大规模开发利用海洋的时期。海洋在国家经济发展格局和对外开放中的作用更加重要，在维护国家主权、安全、发展利益中的地位更加突出，在国家生态文明建设中的角色更加显著，在国际政治、经济、军事、科技竞争中的战略地位也明显上升。"① 在国家战略指引下，从全局视角谋划空间资源最优配置，是实现区域间、陆海间及上下游产业间协调发展的重要保障。

一、空间资源配置的权力视角分析

空间资源指区域间经济生产和再生产过程中实现跨边界重组的必要资源。从资源配置的方式看，空间资源可以分为国家政策调控、市场自由流动及两者共同参与等不同类型，但是就其实质来讲，区域空间资源指本属同一区位但受边界效应阻碍而交易成本增加的资源，其反映了城市间、城乡间和陆海间由于权属分割而造成的组织竞争与合作关系。

从空间资源配置的阻碍根源考虑，破解权力组织分化是解决资源环境分割的最主要途径。对于权力的界定，国内外学者从不同角度提出了相应理解，霍利（Hawley，1986）指出"每一个社会行为均是一种权力的体现，每一个社会关系均是权力的权衡，每一个社会团体或经济主体均是权力组织"。基于这种权力关系，科尔和约翰（Cole & John，2001）认为当区域内部单一主体无法形成其生产目标，或者无法实现目标功能时，会通过权力博弈以获取区域内或者区域外其他主体的资源，并衍生出相互依赖的组织集。权力关系实现的基础是权力主体间能够达成一致利益目标，在共同目标驱使下，利益相关者突破边界局限，以组织形态构成空间体系，此时的权力方具有意义。

---

① 中共中央政治局就建设海洋强国研究进行第八次集体学习［EB/OL］. 人民日报图文数据库，2013 – 8 – 1.

在一定空间范围内，资源配置的动力来源于各权力组织在权力运作中形成的参与机制与竞合机制，权力运作具有动态属性和循环属性，达尔（Dahl，1961）在其研究中将权力运作概括为"权力主体—行为—权力客体—反馈行为—权力主体"的简单互动模式①。在组织间反复博弈之后尚能到空间资源的最优配置。

（一）空间资源配置的参与机制

从权力运作的角度考虑，组织参与资源配置的前提是授权（empower）和去权（powerless），加文塔（Gaventa，1982）从三个指向分析了资源配置过程中各组织参与权力运作的机制（见图 7 -1）。第一个指向用以反映权力主体间的不公平性支配机制，包括强制性决策过程中对弱势参与者或协议的决策和控制。由于区域或者产业等组织间存在不平等的要素占有权力，优势方往往凭借这种中心性特权主导针对弱势方的权力规则，形成了特殊的"核心—边缘"格局，在这种特定规则控制下，核心组织的利润无疑能够达到最大化，甚至以牺牲边缘组织的核心利益。在此过程中边缘权力组织虽然被邀请参与组织决策，但当其提出政策性分歧或看法时，核心组织也并不一定尊重或将其纳入决策程序。在这一指向理论下，开放体系下的边缘权力组织若想扭转其被边缘化的趋势，必须通过寻求扩张资源环境容量或者与其他组织达成合作以提升组织权力话语权。

资源配置中权力运作的第二个指向体现的是核心权力和边缘权力参与决策的方式、方法和手段，主要是通过程序手段或非程序手段将博弈对象或者特定协议排除于利益之外。从核心权力组织来讲，其可以通过强势性决策或者非组织方式使某些不利于自身利益的议题沉默或使其他群体接受分配。而边缘权力组织由于缺乏组织体系决策能力，只能通过

---

① Dahl R. A. Who Governs?：Denocracy and Power in an American city［D］. New Haver：Yale University Press，1961.

诉讼、示威或者舆论等途径对核心组织施压以寻求参与程序或分配体系合理化。由于第一指向规定了权力组织间的参与程序向核心权力组织偏移，因此即便被支配方在协议中具有决策权力，但当核心权力组织通过专家咨询、协作商议或者听证会等方式咨询各方意见时，已经将利益权属和权力运作程序预先设定为非均衡形式。这在海洋产业的布局方面较为典型，核心城市凭借自身丰富的资源优势、技术优势和资金优势，会优先将选取收益效率更高的行业或企业，如航运物流方面的集装箱装载、服务金融、市场拓展等环节多布局在核心城市，边缘城市则更多分担大宗商品运输和仓储，在此权力设定下边缘地区很难在保证自身权益的前提下与核心城市企业进行谈判。除非选择修改权力组织双方参与运作的方式和能力。

第三个指向是从制度和规则层面对权力组织的参与方式进行界定，这种建立在制度环境和意识形态方面的规则能够直接将某一权力主体强制执行在意图之外，并以政策法规、议程决议、文化风俗等方式存在。边缘权力组织或无权力者若想改变此种权力关系，只能寻求改变当前决策制度。在我国存在诸多制度性权力分配规则，如城市间特定的户籍制度，将转移人口设定在目标地户籍制度和住房制度之外，使其无法享受本地户籍应得的医疗、教育、养老等诸多福利，只有改变这种落户制度才能扭转空间资源配置中利益分配不均问题。又如我国长期存在的区域间烟草市场垄断现象，虽未出台相应政策，但为保护当地制烟企业的市场效益，会从市场准入和推广方面形成了显著的边界效应，使外来产品无法进入空间资源配置的决策程序。

从空间资源配置中权力运作的指向层级看，三个指向属于层层递进关系，对于边缘权力组织而言，第三个指向属最难逾越的制度性关系，需要改变制度、习俗等环境性障碍才有机会使其进入第二指向的权力关系。而第二指向多体现在协议或议程等行业规则，边缘权力组织可以通过寻求集聚、多方合作等方式提升权力对比中的话语权。当进入第一指向时，边缘权力组织已经具有一定的资源优势和决策能力，可以通过支配要素的流动和扩充以改变权力体系格局（见图7－1）。

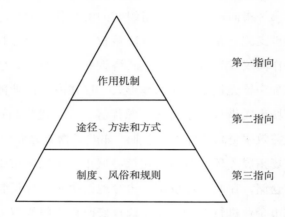

第一指向

第二指向

第三指向

图7－1　资源配置中权力运作的三个指向

（二）空间资源配置的竞争合作机制

各权力组织在达成参与规则之后，将在特定的意识形态下展开合作或竞争。这种博弈与分化来源于权力资源的再分配动机。因此权力竞争与合作需要两个前提，一是权力资源的数量小于需求，即个权力组织需要参与竞争才能获取自身满足的权力；二是各权力组织均是利益最大化的经济体。在空间资源分配初期，拥有更多资源权力的核心组织建立起符合自身利益的权力格局，而其之所以能够形成凌驾于其他权力组织之上的资源配置决策程序，是因为其所拥有的权力资源使边缘权力组织对他的依赖性更高，若脱离与核心权力组织的整合，将使其现有权力资源无法形成现实收益，从产业经济角度来讲，我国涉海产业涉及的生产环节较为复杂，但是诸多行业间通过资源的投入产出形成了完备的产业价值链，如造船业不仅需要船舶整装厂，而且需要钢铁冶炼、机械制造、能源加工等部门的产业关联，但在利益分配过程中，电子仪器、精密装备等技术长期集聚在少数企业内部，使其有足够空间选择上下游行业的合作区位。在衡量权力组织的权力强度时可以定义以下方程：

$$P_a = I_{r1} \times P_a(r_1) + I_{r2} \times P_a(r_2) + I_{r3} \times P_a(r_3) + \cdots + I_{rn} \times P_a(r_n) \quad (7-1)$$

式（7-1）中：P_a 表示权力组织 a 在合作竞争中的权力强度，I_i 表示该权力组织所掌握的空间资源 i 在参与规则中的重要性，也体现了其稀缺性。$P_a（r_i）$ 表示权力组织所拥有的权力资源数量。

从计算方程可以看出，权力组织的权力强度与其拥有的空间资源数量成正比，而其权重则依赖于该资源的稀缺性及在整合规则中的重要性。区域间或者产业间资源的配置效果取决于参与博弈的各权力组织合作和竞争后形成的权力平衡，其结果大致分为三类：一是各权力组织通过争夺有限空间资源，是要素流动和利益分配最终归于核心主体，最终形成一家组织掌握空间资源配置的绝对决策程序，类似于零和博弈中的覆盖膜性，如在临海养殖中某一养殖户通过承包等方式获得固定海域的空间使用权，又如政府通过办法环境排放许可证使达到标准的企业获得排污权限。二是参与博弈的各方均能够参与空间资源的争夺，但已经出现核心权力组织和边缘权力组织的结构性支配，在此过程中各方均不愿意放弃对于权力收益的获取，因此导致通过联盟或者股份合作的形式参与资源环境开发。三是参与博弈的各权力组织能够达成空间资源分配的均衡协议，资源开发的效率也达到最高，如我国沿海造船企业在长期过度竞争中形成过剩产能，通过宏观层面的市场整合，可以以统一市场为导向将散乱企业集合成大的集团，既提高了有限资源的利用效率，减少对海洋环境的污染排放，也可以更加均衡的服务各地区间的需求。

二、我国海岸带空间资源配置存在的问题

海岸带作为我国经济活动和区域竞合作为活跃的地区，在各权力组织的博弈中形成了独特的空间资源整合体系，核心权力组织和边缘权力组织间的不平衡和不协调长期存在，且随着资源环境开发的技术和理念不断更新，在空间-权力的复杂系统演化过程中，资源配置的

不均衡现象仍在动态变化，如海岸带城市作为流入人口的主要目标地，在既定公民权力的限制下加剧了城乡间、流入人口和户籍人口间的社会分化①。总体而言，我国海岸带空间资源配置的问题可以归纳为以下三点。

（一） 空间资源确权和管理效率低下

由于长期受到计划经济管理体制的束缚，我国包括海域资源在内的临海区域空间资源仍处于部门行政审批的权力分配阶段②。用海企业、单位或个人通过填写包括用海申请在内的诸多申请材料确定要使用的资源范围和功能，并按照部门规定的流程、规范和要求，按规定申请相应资源的使用权力。若申请成功，需与行政主管部门签订出让和使用合同，并在规定期限内提交固定使用金。由于资源使用金是主管部门设定，缺乏市场定价在资源配置中的有效性，因此无法保证资源使用是否达到最高效率。与此同时，由于尚缺乏海域资源等公共资源的确切所有权代表，而是以主管部门作为权力归属部门，使权力收益的使用和分配均归政府所有。在分权主导的地方竞争条件下，地方政府为了追求资源效益最大化，倾向于将使用权归自己所有，一方面限制了其他权力主体参与出让和抵押竞争，另一方面也使相关资源的权力失去监管，造成诸如围海造地、垃圾倾倒、污水排放等诸多海洋生态环境问题，海洋资源环境的使用效率无法得到保障③。

（二） 资源环境的权力成本无法引导其科学使用

我国自改革开放以来不断探索稀缺性资源的有偿开发管理办法，在

① 高宏宇. 社会学视角下的城市空间研究 [J]. 城市规划学刊，2007 (1)：5.
② 姚菊芬. 海域使用权市场化经营的法律问题探讨 [J]. 特区经济，2007 (6)：234 - 236.
③ 王衍，王鹏，索安宁. 土地资源储备制度对海域资源管理的启示 [J]. 海洋开发与管理，2014 (7)：25 - 29.

土地、矿产均形成了一些好的经验和做法，但在海域、滩涂等沿海省份一些特有的资源方面仍相对滞后，以海域资源为例，作为公共属性资源，国家通过海域的使用权有偿出让并以获取海域使用金的方式获取资源收益①，在国家层面海域资源的行政配置中，海域使用金也是作为海域资源再配置的经济杠杆，国家通过将海域使用金收益与竞价收益或转让收益挂钩，如在海域资源交易一级市场中规定，竞价收益不低于征收使用金时标准。规定力图实现使用权分配中效益最大。但是我国现行的海域使用金标准还存在以下诸多问题。

（1）缺乏海域使用金征收动态调整机制，各省和相关主管部门在确定征收金额时均是以使用类型作为评判标准，以浙江省 2019 年征收海域使用金标准为例（见表 7 - 1），将海域使用类型分为填海造地用海、构筑物用海、围海用海、开放式用海和其他用海五类，并根据海域等级进一步划分征收标准，在面向海洋活动的征收标准下欠缺具体使用形式和使用强度的考量，且征收标准常年不变，导致海域使用金贬值、海域使用强度低、环境资源浪费等问题。

（2）各地缺乏统一的海域使用征收标准。2018 年《财政部、国家海洋局印发〈关于调整海域无居民海岛使用金征收标准〉的通知》规定，各地区根据自身情况自主合理划分海域级别，并制定不低于国家标准的地区海域使用金征收标准；其中养殖用海海域使用金执行地方标准，如浙江省征收标准如表 7 - 1 所示。虽然近年来各省积极调整海域使用金征收办法，力图通过成本约束提高对海洋资源环境的使用质量，但是各地行政部门征收权力仍具有较大自主性，导致使用金的征收差异较大，使海洋空间资源的预期收益分布呈现不平均现象，不利于海洋资源开发的公平性和要素流分配的均衡性。

---

① 蔡悦荫. 海域使用金本质及构成研究［J］. 国土资源科技管理，2007（2）：66.

表 7-1 　浙江省 2019 年海域使用金征收标准（除宁波以外）

单位：万元/公顷

用海方式			二等		三等			四等			五等			六等			征收方式
			I	II	I	II	III	I	II	III	I	II	III	I	II	III	
填海造地用海	建设填海造地用海	工业、交通运输、渔业基础设施等填海造地用海	260	250	205	198	190	151	148	140	108	106	100	65	63	60	一次性征收
	城镇建设填海		2392	2300	2052	1976	1900	1512	1484	1400	972	954	900	648	636	600	
	农业填海造地		114	110	97	94	90	81	79	75	65	63	60	49	47	45	
	非透水构筑物用海		208	200	162	156	150	108	106	100	81	79	75	54	53	50	
构筑物用海	跨海桥梁、海底隧道用海																	
	透水构筑物用海		4.09	3.93	3.49	3.36	3.23	2.73	2.68	2.53	1.99	1.95	1.84	1.25	1.21	1.16	按年度征收
	港池、蓄水用海		0.97	0.93	0.75	0.72	0.69	0.50	0.48	0.46	0.35	0.34	0.32	0.25	0.24	0.23	
	盐田用海		0.27	0.26	0.22	0.21	0.20	0.16	0.155	0.15	0.12	0.115	0.11	0.09	0.085	0.08	
围海用海	养殖用海	池塘养殖用海	0.12	0.12	0.098	0.098	0.098	0.075	0.075	0.075	0.053	0.053	0.053	0.03	0.03	0.03	
	围海式游乐场用海		4.05	3.89	3.50	3.37	3.24	2.88	2.78	2.67	2.42	2.37	2.24	2.08	2.01	1.93	按年度征收
	其他围海用海		0.97	0.97	0.72	0.70	0.69	0.48	0.47	0.46	0.33	0.325	0.32	0.235	0.232	0.23	按年度征收

18

续表

用海方式	二等 I	二等 II	三等 I	三等 II	三等 III	四等 I	四等 II	四等 III	五等 I	五等 II	五等 III	六等 I	六等 II	六等 III	征收方式
开放式用海 — 开放式养殖用海 海上网箱养殖用海	0.225		0.188			0.15			0.113			0.075			
浅海底播养殖用海、滩涂海水养殖和浅海浮筏式养殖用海、网拦围海	0.075		0.063			0.052			0.041			0.03			
深远海智能化养殖用海	0.038		0.032			0.026			0.021			0.015			
其他用海 浴场用海	0.55	0.53	0.45	0.44	0.42	0.34	0.32	0.31	0.22	0.21	0.20	0.11	0.10	0.10	
开放式游乐场用海	2.49	2.39	1.88	1.81	1.74	1.26	1.22	1.17	0.80	0.78	0.74	0.46	0.45	0.43	
专用航道、锚地用海	0.24	0.23	0.18	0.175	0.17	0.14	0.135	0.13	0.10	0.095	0.09	0.054	0.053	0.05	
其他开放式用海	0.24	0.23	0.18	0.175	0.17	0.135	0.133	0.13	0.094	0.092	0.09	0.051	0.05	0.05	
人工岛式油气开采用海							13.52								
平台式油气开采用海							6.76								
海底电缆管道用海							0.73								
海砂等矿产开采用海							7.59								
取、排水口用海							1.09								
污水达标排放用海							1.46								
温、冷排水用海							1.09								
倾倒用海							1.46								
种植用海							0.05								

资料来源：浙江省自然资源厅《浙江省（除宁波外）海域定级和海域使用金征收标准调整方案》。

（3）海域使用金使用监管不尽科学。行政主管部门征收海域使用金的目的是对主管海域进行监测、管理和保护，包括了制定使用管理的法律法规和制度标准，编制海域开发的规划、计划和区划，海域使用等级的测量和划分，监测和监管海域使用的规范性，海籍管理，海域执法的信息系统构建和管理，执行装备的购置，海域资源环境价值的评估和恢复等。但是欠缺对海域使用金的有效监管，使海域功能使用面临不可持续的风险。

（三） 资源的空间分配无法适应区域发展需求

在海洋管理区域分割和地方性经济考核激励下，各地在选择主导产业时多以空间资源的比较优势作为标准，由于沿海地区的经济体系多具有海洋偏向性，因此在产业阶段、资源环境禀赋方面很容易出现同质化现象，这在缺乏统一规划指引下会出现邻近区域间产业结构趋同、远距离区域间产业分布不均衡等现象。一方面导致相同的产业选择下不同生产主体的市场预期超出实际市场范畴，既定路径依赖下企业的规模收益和经济分工收益也难以保障，与此同时，短时间针对某一行业或某一产业的重复建设会使资源投入堆积，最终导致公共资源的浪费。另一方面比较优势多集中于相邻区域分布，如船舶企业多分布在工业化基础和能源供给较为完备的地区，但是由于我国水运条件较为丰富，过于集中的企业分布使边缘区域较少享受整体资源环境所创造的价值和收益，造成区域间行业发展模式的不均衡。

第二节　涉海产业空间配置的合理性测算
——以船舶产业为例

船舶工业作为海洋经济的重要分支，在承载跨海运输、资源开采、旅游体验等经济活动的同时也衍生出自身独特的空间经济形态。伴随资本供应链和产品价值链嵌入全球化的进程不断深化，各国均在通过调整船舶工业布局以提升整体产业质量。中国作为船舶工业大国，已经形成诸多专业性产业集群，但随着世界经济增速乏力、经济市场向内需转移，船舶工业面临产品需求不足、产能结构低端、恶性竞争加大等困难，在岸线资源禀赋和船舶产业基础较强的地区，虽然产业集聚能够形成市场主体间庞大的经济网络，但既定路径依赖使区域内部企业持续加大集聚强度，最终造成过度竞争和规模不经济，并表现出船舶技术整合要求提高、船舶产能双过剩、船舶产品功能趋同等多重困境，在此过程中对于岸线环境的过度消耗也使既定容量下的环境更新速度低于船舶产业集聚的排放速度。因此在面临建设海洋强国，推进制造业高质量发展及海洋环境综合整治的重大机遇期，研究船舶工业集聚的适度性问题已具有现实意义。

自马歇尔提出集聚理论以来，新古典经济学和经济地理学的学者将产业集聚理论应用到区域产业的分析框架中，发现集聚效应可通过外部性进一步提升生产效率。随后有学者使用多种方法分析了船舶工业的产业更替和地域演化，认为沿海地区凭借区位和禀赋优势成为船舶工业集聚的主要载体[①]。在产业支撑科技创新引领下，我国船舶工业集中分布于长三角地区，且按照细分行业的不同表现出异质性布局[②]。随着资源与环境约束下的产业资源配置问题日趋严重，学者开始以沿海某一特定区域为对象，研究内部船舶工业的集聚态势、发展模式和企业效率，或对船舶工业的效率优化进行了专题分析，研究视角涵盖了多目标资源整合、

①　Marshall A. Pinciple of Economicsp［M］. London：Macmillan，1920；Fujita M. Monopolistic competition and urban system［J］. European Economic Review，1993（2-3）：308-315；曹林. 从国外发展看船舶工业向"服务型制造"转变［J］. 船舶物资与市场，2016（2）：23-27；Doloreux D.，Shearmur R. Maritime clusters in diverse regional contexts. The case of Canada［J］. Marine Policy，2009，33（3）：520-527.

②　马仁锋，徐本安，唐娇，等. 中国沿海省份船舶工业差异演化研究［J］. 经济问题探索，2015（2）：46-49；刘辉，史雅娟，曾春水. 中国船舶产业空间布局与发展战略［J］. 经济地理，2017（8）：99-107.

产业网络管理及产值利润效果等多个维度①。在研究集聚效率过程中，奥斯曼等发现船舶产业的集聚强度在不同发展阶段存在差异②，且在集群生命周期的不同阶段应该制定相应的集群规模，才能避免规模不经济、环境拥挤或资源浪费等集聚不适度现象的发生。

现有研究集中于通过船舶工业的集聚度差异反映区域产业优势，或通过集聚效率研究产业集聚质量，但是否高效率的集聚就能体现船舶工业在整体区域和地区间达到最优分布？我国沿海地区船舶工业的集聚是否达到适度均衡？现有研究并未过多涉及。在国际市场饱和与国内转型压力加大的背景下，这正是我国船舶工业优化资源配置的关键点。因此，使用区位熵方法和突变模型测算我国部分沿海省区市船舶工业的集聚度和集聚效率，并通过比对分级来分析总体和局部的集聚适度性，具有时代紧迫性。

一、研究方法

（一）集聚度分析

本章节主要采用区位熵指数测算我国船舶工业企业在沿海省份的相对集聚程度。区位熵是通过测算行业在区域内部的相对集中化率来反映当地专业化程度，因此，能够用其衡量该行业在区域间的集聚差异。计算公式为：

---

① 陶永宏，冯俊文．基于产业集聚的中国船舶工业发展思考 [J]．船舶工程，2005（5）：63 – 66；刘晓星，何建敏，王新．我国船舶工业发展战略研究 [J]．船舶工程，2003（4）：1 – 6；谭思明，闫侃．全球价值链视角下我国区域造船产业竞争力评价研究 [J]．工业技术经济，2011（5）：24 – 30；Yin P. Y.，Wang J. Y. Optimal resource allocation for security in reliability systems [J]．European Journal of Operational Research，2007（2）：773 – 786；赵占坤，郭春雷，耿兴隆．蚁群和粒子群优化融合算法在船舶网络资源调度中的应用 [J]．舰船科学技术，2016，38（10A）：46 – 48；傅海威．我国船舶工业区域集聚效率研究 [J]．船舶工程，2013（3）：112 – 115.

② Othman M.，Bruse G.，Hamid S. The strength of Malaysian maritime cluster：the development of maritime policy [J]．Ocean and Coastal Management，2011，54（8）：557 – 564.

$$LQ_{ij} = \frac{q_{ij}/q_j}{q_i/q} = \frac{q_{ij} \left/ \sum_{j=1}^{m} q_{ij} \right.}{\sum_{i=1}^{n} q_{ij} \left/ \sum_{i=1}^{n} \sum_{j=1}^{m} q_{ij} \right.} \qquad (7-2)$$

式（7-2）中：LQ_{ij} 表示城市 j 第 i 个行业的区位熵指数，q_{ij} 表示城市 j 第 i 个行业的产值，q_j 表示城市 j 所有行业的总产值，q_i 表示所有区域第 i 个行业的总产值，n 和 m 分别为研究的行业个数和区域个数。LQ 的取值通常以 1 为标准，若取值高于 1 说明该地区在本行业的相对占有率高于全国平均水平，即形成了高度集聚。考虑到企业数量能够反映出行业经济的活跃度和竞争优势，因此，选取船舶工业企业数和工业企业总数作为主要指标。

（二）集聚效率评价

本章节选用突变级数法对沿海区域船舶工业的集聚效率进行评价。突变级数法属于系统新三论中突变理论的衍生评价方法，由勒内·托姆（Rene Thom）在拓扑动力学和奇点理论等经典理论的基础上推演而来[1]。早期主要用以解决生物和工程等领域的系统性稳定问题，近年来逐渐被引入到经济系统中用于反映系统性效率问题，如通过构建评价模型对企业方案的科学性进行评价，抑或通过构建预警模型对宏观经济环境如金融环境、制度环境或管理环境的安全性和风险危机进行模拟评估[2]。

突变评价系统是根据系统内各要素的作用机制，自上而下建立涵盖投入与产出目标的多层级评价体系，直至所有子系统可以通过替代变量加以量化。根据层次分解的复杂程度，突变系统模型可以分为尖点突变、椭圆突变、燕尾突变、蝴蝶突变、折叠突变和椭圆脐点突变等多种突变系统，其中复杂程度以尖点突变、燕尾突变和蝴蝶突变最为常见，其主要特点如表 7-2 所示。

---

① 雷内托姆. 结构稳定性与形式发生学［M］. 成都：四川教育出版社，1992.

② 李芳芳，张晓涛，李晓璐. 生产性服务业空间集聚适度性评价——基于北京市主要城区对比研究［J］. 城市发展研究，2019，20（11）：119-124.

表 7 – 2   典型突变模型分类及特点

	尖点突变	燕尾突变	蝴蝶突变
模型	$f(x) = x^4 + ax^2 + bx$	$f(x) = \frac{1}{5}x^5 + \frac{1}{3}ax^3$ $+ \frac{1}{2}bx^2 + cx$	$f(x) = \frac{1}{6}x^6 + \frac{1}{4}ax^4$ $+ \frac{1}{3}bx^3 + \frac{1}{2}cx^2 + dx$
分解	2	3	4
变量	a,b	a,b,c	a,b,c,d
分叉方程	$a = -6x^2, b = 8x^3$	$a = -6x^2, b = 8x^3,$ $c = -3x^4$	$a = -10x^2, b = 20x^3,$ $c = -15x^4, d = 5x^5$
归一公式	$x_a = \sqrt{a_N}, x_b = \sqrt[3]{b_N}$	$x_a = \sqrt{a_N}, x_b = \sqrt[3]{b_N},$ $x_4 = \sqrt[4]{c_N}$	$x_a = \sqrt{a_N}, x_b = \sqrt[3]{b_N},$ $x_c = \sqrt[4]{c_N}, x_d = \sqrt[5]{d_N}$

表 7 – 2 中：x 表示系统总体状态变量，a，b，c，d 表示分解后的子系统，子系统可递进分解，直至能够选取可度量的控制变量。系统状态则是以控制变量的倒推形式加以反映，而受量纲不同影响，分叉方程不能直接用于系统分析，需将不同质态化的控制变量归一化为同一质态，将其取值范围转化至 [0，1] 范围之内，计算公式为：

$$\alpha_{Nij} = \frac{\alpha_{ij} - \min_{1 \leqslant j \leqslant n} \alpha_{ij}}{\max_{1 \leqslant j \leqslant n} \alpha_{ij} - \min_{1 \leqslant j \leqslant n} \alpha_{ij}}$$

$$\alpha_{Nij} = \frac{\max_{1 \leqslant j \leqslant n} \alpha_{ij} - \alpha_{ij}}{\max_{1 \leqslant j \leqslant n} \alpha_{ij} - \min_{1 \leqslant j \leqslant n} \alpha_{ij}} \tag{7 – 3}$$

式（7 – 3）中：α_{ij} 表示子系统或控制变量的取值，i 表示同系统的指标个数，j 表示待评价样本个数。

在归一化基础上采用归一公式计算上一级系统的状态得分，主要有两种方法：当各子系统相对独立时，宜采取"大中取小"的方法，即选取最小控制变量作为整个子系统的状态值；若各子系统能够相互补充，则需选用均值法。

（三）指标体系构建

船舶工业集聚的效率值应能够全面体现出系统内部各子系统的协调能力，因此，分别从投入子系统、产出子系统和效益子系统三个方面选取 8 个指标反映各生产环节对系统的控制能力。指标体系如表 7 – 3 所示。

表 7 – 3 　　　　　　　　船舶工业集聚效率测算指标

系统目标	子系统	控制指标	单位	方向
集聚效率	投入	造船万吨以上修船坞	座	正向
		修船万吨以上修船坞	座	正向
		从业人员年平均数	人	正向
	产出	造船完工量	艘	正向
		主营业务收入	万元	正向
		工业废水污染排放量	吨	反向
	效应	利润总额	万元	正向
		各地区新承接船舶订单	单	正向

根据构建的指标体系，考虑各控制变量并非相互独立且能够一定程度上弥补彼此的功能损失，因此主要选取尖点突变和燕尾突变方法，并按照均值贡献进行计算，其公式分别为：

$$\alpha = \frac{1}{2} \left(\sqrt{\alpha_{N1j}} + \sqrt[3]{\alpha_{N2j}} \right) \tag{7 – 4}$$

$$\alpha = \frac{1}{3} \left(\sqrt{\alpha_{N1j}} + \sqrt[3]{\alpha_{N2j}} + \sqrt[4]{\alpha_{N3j}} \right) \tag{7 – 5}$$

（四）数据类型和来源

随着国际航运市场重心向东亚各国转移，中国沿海的船舶工业在国际化和市场化中的竞争态势更加明显，虽然整体经济效益随全球市场低迷而有所降低，但 2018 年造船完工量、新接订单量和手持订单量按重吨计占据全球市场的比例分别达到 43.4%、44.1% 和 43.4%[①]，其中，沿

---

① 资料来源：《中国海洋经济统计年鉴 2018》。

海船舶工业的支撑能力不断增强。因此,应重点对沿海省份的船舶工业集聚能力进行研究。

中国沿海船舶工业空间集聚的研究主要包括区域属性数据和企业空间数据,其中,区域属性主要统计辽宁、天津、河北、山东、江苏、上海、浙江、福建、广东、广西和海南等11个省(自治区、市)的相关数据。受数据可得性和统计口径影响,暂不将中国台湾地区、中国香港地区和中国澳门地区列入(下同),其来源为2011年和2018年《中国船舶工业统计年鉴》《中国海洋统计年鉴》《中国能源统计年鉴》《中国统计年鉴》。空间数据主要包括沿海省份的空间范围及其内部船舶工业企业的地理分布。首先根据国家基础地理信息中心提供的数据,对各船舶工业企业的位置进行识别并矢量化处理;然后借助谷歌地图确定各点的经纬度;最后借助ArcGIS 10.2的数据关联工具,将各企业定位在相应空间文件中。

二、实证分析

(一) 船舶工业企业分布及集聚度

通过对船舶工业企业进行空间定位,可以大致分析我国沿海省份船舶工业的分布状态。从数量分布上看,江苏、浙江、山东、辽宁和广东五省所属企业最多,共占据企业总量的82%。其地域分布与我国经济强度形成较高的空间拟合,其中,山东半岛、天津港周边及辽东半岛凭借天津、大连和青岛等核心城市雄厚的工业基础,在钢铁锻造、电子与仪器仪表、软件开发和机械加工等方面为船舶工业提供了关联产业支撑,三地构成了环渤海集聚区。长江三角洲船舶工业的综合发展水平最高,集群涵盖了江苏中南部、上海和浙江东北部等广阔空间,该区域凭借发达的长江水运与便捷的国际港口优势,为相关产业提供了市场和生产空间。广东内部以广州、深圳、珠海和中山为中心形成了珠三角集聚区,受限于当地复杂的港口及航运条件,船舶工业企业更加集中于在珠江口周边，且业务多偏向修造、交易及技术开发等配套服务。东南和西南沿海区域的船舶制造企业相对较少，与当地产业配套基础不完善有关。

在分析船舶工业企业空间分布的基础上，运用区位熵测算各省的相对集聚程度，并借助 ArcGIS 软件中的 Natural Break 方法将其划分为五类。总体而言企业数量规模与集聚度存在较大差异，2010 年辽宁和上海处于高度集聚状态，船舶工业构成区域经济体系的主导产业，广西和福建处于较高集聚状态，虽然二省的整体经济活跃度不如周边地区，但船舶工业的贡献度较高，直接映射出较强的集聚能力。天津和广东属于中等集聚等级，配套企业无法在有限的岸线资源内形成腹地延伸，船舶产业主导性不强。海南属于较低集聚状态，主要受当地产业定位和资源成本影响。其余省份处于低度集聚状态，表现出企业数量越多的省份区位熵更小的趋势，说明船舶工业作为区域海洋经济的先导产业，并不会随区域整体产业扩张而同步聚集，在资源和市场效率驱动下企业集聚程度逐渐趋于稳定。2017 年各省份集聚等级变化较大，其中，上海、福建、广西和广东分别降低一个等级，海南则升至中度集聚状态，从高到低的各等级数量分布变为 1 - 1 - 4 - 1 - 5，在国际市场持续低迷的形势下，有条件的地区普遍放缓船舶工业布局，使全国船舶产业更趋集中。

（二）集聚效率分析

根据突变级数法，自下而上计算出各省船舶工业集聚效率（见表 7 - 4）。整体而言各省差异较大，江苏和浙江效率得分均高于 0.9，说明产业要素在区域内部既具有一定的规模优势，又保持了较高的效率水平；山东、广东和上海的集聚效率均高于 0.8，三地的船舶工业细分本身具有一定的高附加值偏向，通过向产业链两端延伸可以提升收益密度；海南、河北和天津得分均低于 0.5，其中海南的集聚效率仅为江苏的 21.8%，相对贫乏的自然资源禀赋使企业集聚无法充分释放规模效应。至 2017 年各省集聚效率的均值由 0.688 降至 0.671，除福建、山东和广东外，其余省区分均有所下降。且高低效率的区域差距进一步拉大，在市场趋紧条件下更高的产出效率可以为企业提供更大的资源整合空间，船舶企业可以进一步通过改善技术和服务提高竞争力和市场份额（见图7-4）。

表7-4　　　　2010年与2017年我国沿海省份船舶工业集聚效率

省份	2010年	2017年
天津	0.444	0.382
河北	0.456	0.415
辽宁	0.795	0.732
上海	0.814	0.793
江苏	0.959	0.937
浙江	0.933	0.924
福建	0.682	0.700
山东	0.815	0.854
广东	0.814	0.880
广西	0.653	0.611
海南	0.209	0.156

（三）集聚适度性分析

船舶工业集聚度与集聚效率空间分布的拟合状态基本验证了集聚效应的积极作用，但通过对部分典型地区的分析，发现更高的空间集聚并不一定形成高效率经济。因此，进一步将二者引入回归方程并可视化（见图7-2），结果发现在0.538的拟合优度下满足上凸函数关系，即随着集聚程度的增加，区域内部产业系统的集聚效率随之提升，但边际涨幅逐渐降低，直至收敛于某一稳定状态将不再提升。此外，从各样本点的离差变化看，集聚度较小时各地的集聚效率分异更大，归因于早期船舶工业的产品市场尚未形成完备的范围经济，导致区域间产业效率更易受关联行业的影响，企业对各生产环节的成本分配随机性较大。而到集聚后期，随着更多企业参与资源分配和市场竞争，其在享受规模收益的同时也付出更多的信息成本，集聚效率趋于饱和。以此为基础，可以通过对比两者的比值高低来反映区域间的集聚适度性。

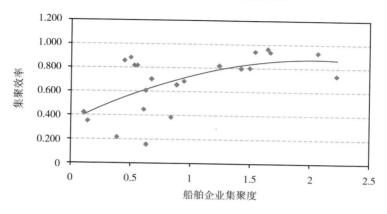

图 7 - 2　船舶工业集聚度与集聚效率回归关系

研究发现，沿海各省区市的集聚适度性差异较大，2010 年河北处于高适度性，广东和山东处于较高适度性，天津、上海、福建和广西处于中适度性，江苏处于较低适度性，浙江和海南则处于低适度性。至 2017 年等级分布变化不大，其中浙江省提升一级至较低适度性，天津和上海则降至低适度性状态。辽宁的船舶工业虽然占据主导性和规模性优势，但其内部的集聚度已经超过最优阈值，造成聚集不经济。与此相类似，江苏和浙江企业规模的增加并未带来效率的明显提升，说明既定的路径依赖已经超出了集聚的合理区间，亟须寻求新形式的产业发展模式。上海、广东与河北凭借关联产业服务优势，能为船舶工业企业提供完备的要素整合环境，使有限数量的企业同样享受范围经济的红利，相反，海南省工业体系较为薄弱，产业集聚优势尚不明显。广西和福建的集聚度和集聚效率呈反向关系，企业效率处于稳定合理区间。

为弥补等级划分无法体现船舶工业集聚适度性在整体范围内的差异变化问题，将区域数据引入 ArcGIS 趋势面模型的三维系统，x 轴和 y 轴分别表示纬度线和经度线方向，z 轴表示样点属性值，通过 2 阶趋势面函数方程对其投影进行拟合，结果如图 7 - 3 所示。集聚适度性整体呈现北高南低、中间高东西低的趋势，2010 年南北向差距较大，且变化幅度集中于中北部区域，受河北与广东的高值影响，东西向拟合线的凸起明显，2017 年南北向的差距有所降低，且下降趋势更为平稳，相较于北部省份的转型困难，中部和南部省份集聚适度性的提升更为明显，东西向整体差距仍然较大，但西部整体有所改观，说明东南部是提升我国船舶产业集聚适度性的关键。

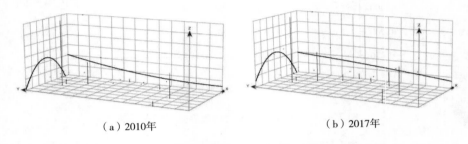

（a）2010年   （b）2017年

图 7 – 3　我国沿海省份船舶工业适度性空间趋势

三、结论讨论

针对我国船舶工业集聚现状，应通过宏观调控和分区引导相结合的方法进行优化。一是制定更为科学的产业引导措施，尊重岸线资源环境禀赋差异，针对南北整体适度性差异调整区域间企业定位，龙头企业所处的优势区域，重点从事核心组装和技术改造，并加强区域间联动，带动水运条件不发达的地区发展分段组装和钢构制造产业。二是引导区域间集群错位发展。针对集聚度超出适度性合理区间的地区，应创新船舶工业发展模式，通过重组并购、转产淘汰等方式引导低端产能转移，制定激励措施引导相关龙头企业从事技术密集型开发活动，并在环境整治方面加大资金投放，淘汰污染性较大的部门。对于尚未形成集聚效应的地区应积极建设集群载体，通过集团化经营引导企业加强产能合作，并重视产业船舶工业较强的产业发挥波及效应和关联效应，尽力建设配套产业和零部件产业集群，以降低因信息成本因素而造成效率损失。

第三节 涉海产业跨区域协调性研究

——以长三角港口产业为例

长江三角洲作为我国开放经济和资源整合最为突出的地区，现已凭借海洋资源优势建立起较为系统的涉海产业部门，与海洋生态环境的关系也随之密切，而港口产业当属环境资源依赖性较高，运行效率风险最为典型的产业部门，且随着新冠肺炎疫情下的国际经济市场快速收缩、国内企业的转运需求向内需转变，市场趋紧下的港口竞争性建设行为日益凸显。不仅会导致我国整体港口产业陷入无序状态，而且会造成岸线海洋环境呈现不必要的损失。尤其是随着经济带、城市群等一体化区域不断深化，各地更加热衷于借助自身岸线禀赋优势和交通枢纽地位抢占港口市场，地域内部港口间的港口建设又进入新一轮热潮。因此，对于涉海产业而言，产业无序建设是限制区域协调发展和海洋资源环境浪费的重要原因，必须以空间市场端的需求为基准，合理设置产业选址。因此，本节从空间协调性角度，研究港口服务的空间均衡程度，可以从污染源头有效降低对海洋环境的无效侵蚀。

一、文献综述与理论假设

随着港口对于区域经济发展的服务功能日益完善，伴随着20世纪70年代世界各地港口建设热潮，各国学者便开始逐渐重视对区域港口体系建设规律及机理进行研究。通过案例研究和实证测算发现，世界港口体系主要遵循由地域集中向空间分散、再向多样化区域协作演变。在研究方法上，主要使用不同港口服务模式差异、港口主要航线方向及航线流量、服务产业互补能力、港口所在地市场需求、所在地区门户功能等方法代理体现港口间的协同状态。而作为我国港口布局最为密集、产业起步最早的地区之一，长三角的港口空间集聚特征成为国内学者关注的焦点，主要依据包括各港口的货物结构、港口间货箱流向及港口综合服务类型等。现有研究主要从供给角度对港口间的职能定位及市场区分进行理论总结，此类方法虽然能够系统反映出各个港口在整个港口体系中的独特性和重要程度，但很难体现出市场在需求端对港口的接纳程度，即无法体现出有限市场容量下港口产业的服务产能是否具有空间协调性。因此，可以通过计算港口空间服务的均衡程度，反映出区域港口产业的选址及合作是否存在过剩等不科学问题。

从港口—腹地综合地域系统的发展特点看，当港口体系总体服务水平高于腹地需求时，港口体系内部各港口间的分工与协作可以促进腹地要素的整合效率，也推动了区域的一体化进程。但对于长三角此类港口体系较为丰富的地区而言，港口布局选择依据和港口间市场定位更加复杂，过度港口开发只会增加地方间资源与市场的抗衡，虽然上海港、宁波舟山港及苏州港等枢纽型港口虽然能够凭借向海优势满足自身规模性扩张，但仍需要在相对内陆地区部分专业性港口帮助货物集散中转，两者合作方能提高整体运作效率，也避免过多资源环境问题堆积。

港口体系服务空间是凭借各中心港口的外运功能，借助陆水中转或水水中转的市场纵深能力，在港口体系互相分工和合作过程中形成的相对独立的市场空间格局。各个港口的服务空间主要取决于以下三方面。

一是港口中心势：港口中心势不仅是港口服务腹地强度的主要依据，也是港口体系规模结构与腹地划分的重要前提，在多港口区域，中心势较强的港口可以借助多式联运集疏体系占据更多腹地纵深。

二是港口集疏运网络：随着物理空间对港口服务的限制强度不断减弱，港口对腹地的辐射广度也在随之扩展，在此过程中港口服务职能产生分化，大型港口由单纯的货物中转向金融、结算等综合性枢纽港转变，中小型港口则转为附属或专业职能，而集疏运网络对于区域的空间组织差异是港口体系资源一体化配置的基础，也是单个港口对中转腹地货物吸引力的关键。

三是港口所在地区的服务引力：在港口设施管理水平和集疏运网络等均质化分布的前提下，一体化区域中的城市在港口服务选择时会遵循成本最低原则，而以规模经济与距离衰减规律为基础的引力模型能够较好反映出腹地对于港口的选择依据。

二、方法构建与数据选择

（一）港口空间效应计算

港口服务协调水平的判定依据在于港口体系对于整体腹地的服务均衡程度，若不同地域空间均能够享受到与本地市场需求相拟合的港口服务支持，则认定港口产业的发展较为合理，反之，则认为港口产能布局过于集中，不利于港口体系的协调服务。基于此，首先应对每个港口的空间服务水平进行判定，然后基于空间衰减效应计算市场端享受到的港口服务强度。

港口空间服务水平计算公式为：

$$E_i = \sum_{j=1}^{n} L_i G_{ij} R_{ij} \quad E_j = \max\left\{\frac{E_i}{d_{ij}} \Big| j \in (1,2,\cdots,N)\right\} \quad (7-6)$$

式（7-6）中：E_i 为港口 i 对所有区域的综合服务水平，L_i 为港口 i 的中心势强度。G_{ij} 为 i 与城市 j 的引力值，R_{ij} 为 i 对腹地货运服务的集疏运便捷水平。E_j 为港口体系对于腹地 j 的实际服务效应。

（二）港口中心势

港口中心势是参照物理学中的概念，反映的是系统内部所有单元之间相互作用的可能性，本书用以测算港口依托自身的发展规模、区位条件和服务职能对区域产生影响的总能力，中心势表示港口对研究区域所有城市的服务潜能，通常用货物吞吐量、集装箱吞吐量等体量指标代替，或者选取体现港口独特优势的标志性成果，考虑港口中心势不仅仅依赖于自身运转能力，而且与自身货运配套水平有关，如航运金、航运保险、物流仓储等，因此从港口自身转运能力和所在城市的配套服务能力两方面选择相应指标（见表7－5）。

表7－5 中心势指标体系构建

一级指标	二级指标	单位
港口发展规模	港口货物吞吐量	万吨
	集装箱吞吐量	万标准箱
	外贸货物比重	百分点
	集装箱货物比重	百分点
城市职能水平	港口城市地区生产总值	亿元
	港口城市污水处理量	吨
	港口城市工业增加值	亿元
	港口城市金融机构年末存款总额	亿元
	港口城市的进出口贸易总额	亿元
	港口城市邮电业务总量	亿元
	港口城市社会消费品零售总额	亿元

在计算中心势水平得分时，考虑到相关指标可能存在的一定的相关性，因此借助主成分分析法进行数据降维度成少数公共因子，在此基础上计算中心势综合得分，其计算模型为：

$$\begin{cases} x_1 = a_{1.1} f_1 + a_{1.2} f_2 + \cdots + a_{1.n} f_n + \xi_1 \\ x_2 = a_{2.1} f_1 + a_{2.2} f_2 + \cdots + a_{2n} f_n + \xi_2 \\ \qquad\qquad\qquad \vdots \\ x_{10} = a_{10.1} f_1 + a_{10.2} f_2 + \cdots + a_{10.n} f_n + \xi_{10} \end{cases} \qquad (7-7)$$

$$X_i = \beta_1 f_1 + \beta_2 f_2 + \cdots + \beta_n f_n \qquad (7-8)$$

式（7－7）和式（7－8）中：x_i 为标准化后的各代理指标，ξ_i 为误差项，X_i 为依照各公共因子加权算出的港口 i 中心势水平。

（三）港口城市引力值

港口城市为增强自身的外向经济职能，会利用港口优势积极寻求与邻近港口的经济合作，由此产生港口城市间的空间引力，当某一港口面临多个市场合作选择时，会综合考虑港口边际协作成本和运输周转成本，服务水平较高、距离更近的港口城市间往往具有更强的吸引力，其计算公式为：

$$G_i = \sum_{j=1}^{n} \sqrt{\frac{m_i m_j}{D_{ij}^2}} \qquad (7-9)$$

式（7-9）中：G_i 为港口 i 所在城市与区域所有港口城市的综合引力值，m_i 和 m_j 为港口城市规模的相应指标，本书选取国内生产总值、港口泊位数和货物吞吐量的综合值替代，距离指标方面，本书选取最短公路距离。

（四）集疏运便捷水平

便捷的集疏运体系能够直接降低口岸与腹地、腹地内部的货物流通成本。影响港口与服务城市间货物集疏运便捷性的因素主要包括城市交通便捷性、港口城市可达性及集疏运区位条件等，因此定义集疏运便捷性的计算公式为：

$$R_{ij} = \frac{S_j \times K_j}{D_{ij}} \qquad (7-10)$$

$$R_i = \sum_{j=1}^{n} R_{ij} \qquad (7-11)$$

式（7-10）和式（7-11）中：S_j 为腹地 j 内部的货物运转便捷性，选取公路网密度代替，K_j 为腹地 j 在区域内的区位优势，用与其相邻的其他城市数代替，D_{ij} 表示港口 i 到城市 j 的可达程度，用最短公路运输时间表示。

（五）数据处理和来源

长三角区域是我国港口建设最为密集、港口功能最为多元、港输运市场最为活跃的地区之一，因此，研究长三角港口产业服务协调性更具代表性。长三角港口众多，主要选取《中国港口统计年鉴》统计的19个港口作为研究对象（见表7-6），港口所在位置根据Google earth软件搜索获取，研究腹地和港口的布局依照国家地理信息数据库标准数据地图绘制，研究所用到的数据主要来自2012~2018年《中国港口年鉴》和《中国城市统计年鉴》，部分缺失数据根据各地统计局网站搜索补齐。港口间及城市港口间数据主要来源于《中国公路营运里程图集》。

表7-6　　　　　　　　长三角主要港口范围

港口			
上海港	湖州港	江阴港	马鞍山港
宁波舟山港	连云港港	常州港	芜湖港
嘉兴港	南通港	镇江港	铜陵港
台州港	苏州港	扬州港	合肥港
温州港	泰州港	南京港	

三、实证分析

（一）港口中心势分析

各港口中心势强度如表7-7所示。

表7-7　　　　　2011年、2017年长三角港口中心势得分

港口	2011年	2017年
上海港	0.697	0.884
宁波舟山港	0.392	0.578
嘉兴港	0.048	0.072
台州港	0.047	0.051
温州港	0.066	0.072
湖州港	0.068	0.053

续表

港口	2011 年	2017 年
连云港港	0.091	0.121
南通港	0.095	0.152
苏州港	0.263	0.337
泰州港	0.071	0.115
江阴港	0.118	0.152
常州港	0.051	0.067
镇江港	0.062	0.113
扬州港	0.054	0.073
南京港	0.124	0.218
马鞍山港	0.029	0.037
芜湖港	0.042	0.054
铜陵港	0.018	0.022
合肥港	0.041	0.074

从表7-6的计算结果可知，从港口中心势的水平及变化趋势可以看出，各港口中心势都表现出一定变化，但趋势差异较大，港口体系中各港口对周围腹地的服务潜力仍处于空间分化状态。其中上海港、宁波舟山港和苏州港的中心势潜力始终靠前，上海港稳居区域第一位置，主要归因于其凭借洋山港区天然地势和先进基础设施，加之上海在港航配套领域集聚了全国最为领先的服务结构，使其有能力抢占长三角核心港口地位。宁波舟山港的中心势也较大，说明在同上海港功能协调时凭借对于工业品和散货品的运载优势，建设成为较为理想的中心港口，但其中心势水平与上海港差距较大，主要归因于在城市配套服务方面未能支撑起港口质量需求。苏州港虽然区位条件优越，但与上海港和宁波舟山港的距离使其无法充分吸收腹地货物要素的转运需求，随着江海联运技术不断普及和周围港口不断涌现，苏州港在中心势提高方面仍面临加大

市场压力。

从分省结果来看，浙江省属于典型一港独大的状况，说明港口市场资源主要集中于省域北部沿海及环杭州湾地带。江苏港口众多，港口间的中心势强度分布更为均匀。安徽省港口数量较少，受限于自然条件和产业市场等因素，致使省域内部港口中心势普标较低。

（二）港口城市间引力分析

以空间引力模型为参照，对 2011 年和 2017 年长三角各港口的引力值进行测算，并借助 ArcGIS 10.2 软件将联系规模进行等级分类。可以看出港口体系的总体联系格局并未发生大的变化，始终沿长江与沿海两条航运通道形成半圆形密集联系带，其中上海港凭借自身完善的港航服务体系和物流容纳能力，与苏州港和宁波舟山港的联系始终保持在前两位，且与其他港口的联系等级也有所提升，始终占据港口体系中的支配地位。苏州港作为联系内陆港口和沿海港口的重要媒介，与周边港口的引力更为均衡，在港口体系的中心性最为明显，但与湖州港等浙江港口的引力有所减弱。宁波舟山港虽然货物吞吐能力占据优势，但仅与上海港和苏州港等周围大型港口形成高强度引力，说明服务职能无法满足对区域港口的引领需求。

从各省港口引力的等级分布看，江苏省内港口具有更为密集的组织体系，归因于长江下游优质岸线能够支撑起更多区域性港口布局，完备的港口体系有利于增强沿岸货物的运转市场份额。安徽省各港口凭借长江经济带的合作支撑，港口联系也较为明显。浙江省港口引力等级普遍较低，主要归因于其港口分布较为分散，但增长幅度较为明显，说明腹地对于核心港口的喂给能力显著提升。

（三）港口腹地集疏运便捷性分析

长三角港口对应腹地的集疏运便捷性水平如表 7 – 8 所示。

表 7 – 8　　　　　**2011 年、2017 年长三角区域港口腹地集疏运便捷性得分**

港口	2011 年	2017 年
上海港	1.011	0.828
宁波舟山港	0.715	0.954
嘉兴港	0.822	1.011
台州港	1.187	1.238
温州港	1.061	1.232
湖州港	1.273	1.676
连云港港	1.051	1.110
南通港	1.362	1.449
苏州港	1.99	1.957
泰州港	1.102	1.334
江阴港	1.114	1.324
常州港	1.872	1.881
镇江港	1.742	1.668
扬州港	1.072	1.149
南京港	1.891	1.997
马鞍山港	1.978	0.918
芜湖港	1.012	1.244
铜陵港	1.242	1.011
合肥港	1.577	1.578

　　从集疏运便捷性看，长三角各港口在该项的排名与中心势排名存在较大差别。其中处于长三角腹地地理中心的港口得分较高，如苏州港和马鞍山港，均占据了在区域内部的空间延展优势，中心势较强的上海港和宁波舟山港得分在此项不高，且增长相对乏力，说明随着区域交通体系布局更加均衡，中心城市在物资衔接方面的优势逐渐丧失。

　　从分省比较来看，江苏省和安徽省内港口的集疏运便捷性相对较好，除区位条件影响以外，也与长江冲积平原为二省交通网络的修建提供先天优势有关。

（四）长三角港口总体空间效应分析

在计算长三角各港口中心势、港口—城市引力值和集疏运便捷性等相关水平的基础上，相乘得出 2011 年、2017 年各港口空间效应综合得分（见表 7-9），并根据得分，运用 ArcGIS 10.2 软件中的反距离权重空间插值模型，将 2011 年和 2017 年长三角区域受到的港口空间效应可视化。

表 7-9 　　　　　**2011 年、2017 年长三角港口空间效应得分**

港口	2011 年	2017 年
上海港	1.802	1.792
宁波舟山港	0.475	1.014
嘉兴港	0.038	0.075
台州港	0.042	0.056
温州港	0.032	0.041
湖州港	0.098	0.083
连云港港	0.055	0.088
南通港	0.174	0.356
苏州港	1.137	1.614
泰州港	0.088	0.275
江阴港	0.218	0.415
常州港	0.095	0.190
镇江港	0.134	0.322
扬州港	0.072	0.134
南京港	0.357	0.717
马鞍山港	0.037	0.029
芜湖港	0.025	0.066
铜陵港	0.007	0.017
合肥港	0.021	0.084

长三角港口体系内部的空间服务效应仍存在较大差距，且等级分布从两极分化向均衡化变化。上海港与苏州港的空间效应最为明显，主要

归因于该港口依托城市在港航服务供给和腹地产业需求两端领域存在明显优势，二者在频繁互动中形成协作优势，但伴随港口临近地区港口服务能力不断提升，一定程度上抢占了核心港口的空间辐射范围。宁波舟山港与南京港空间效应的增幅较大，其中宁波舟山港的绝对增量最大，二者已经凭借自身优势在港口服务体系中占据主导。其余港口的空间效应均有所提升，但绝对差距仍处于支线港口地位。

总体而言，2011年，港口体系在长三角腹地的服务水平表现出较为明显的空间分化现象，其中上海和苏州地区的港口服务水平普遍较高，并延伸至周边的嘉兴、南通、常州和湖州。证明在长江入海口区域港口建设的堆积现象较为明显。宁波舟山港周围腹地的服务强度不高，表现出港口建设并未充分满足腹地的产业需求，其他港口方面，除南京港表现出少量空间效应以外，长三角港口体系的服务能力尚处于起步阶段。

2017年港口体系的空间效应形成双扇形分布，北部以上海港和苏州港为核心，高强度服务的腹地延展更加明显，除上海港继续发挥其中心港口的辐射能力以外，苏州港的空间服务水平逐渐延伸至无锡、马鞍山和扬州等地，一定程度上说明此区域港口建设密度已经高于空间物资整合市场，对于该地区生态的影响存在浪费风险。另外，低强度服务的腹地范围明显扩大，如浙江省中南部地区、江苏省中北部地区和安徽省东部地区的港口产业服务均有所改善，说明相对边缘地区港口服务水平的提高对长三角港口产业体系的均衡性帮助更大。浙江省南部及安徽省北部和西部的服务强度较低，除本地临港产业需求不高以外，也说明当地港口建设并未较好支撑起市场端发展需要。

综合而言，区域港口体系的布局和发展仍存在明显小集聚和不均衡状况，不仅会导致港口间竞争性收益损失，而且盲目建设会使海洋生态环境面临不必要的损失：一是集聚区产能拥挤会降低港口运行效率，造成额外污染排放。二是边缘地区港口服务不能满足当地临港产业扩张需求，导致生产端海洋资源浪费。需进一步依据空间市场承载能力进一步提高港口布局和服务水平的合理性。

第八章

基于陆海统筹的海洋环境治理对策

8

第一节　陆海统筹的污染防治综合规划体系

海洋环境相较于其他环境来说具有脆弱性及变异性等特殊性，且随着近年海洋经济的不断发展，海洋污染现状日益严重，海洋环境一旦恶化，其危害很难在短时间内消除。所以海洋环境的治理要以预防为主，综合运用各种现代信息技术、工程、生态的方法，在预测环境质量变化的基础上，科学规划环境保护措施，有效地提高环境规划手段和污染防治运行效率，以达到陆海环境可持续发展的目的。陆海统筹的污染防治综合规划体系是海洋环境保护工作的基础和行动方案，统筹海洋各个产业的协同发展，一方面能够提高海洋经济效益，另一方面减少海洋环境的破坏，对科学可持续用海起着至关重要的作用。

制定科学、可行的规划体系，最重要的是因地制宜，规划要符合具体海域的实际情况和特点。陆海统筹的污染防治综合规划体系需要实行综合管理规划模式，海洋污染治理综合管理规划旨在改变单一职能、扩大管理领域、转变管理方式，由传统的分散管理体制向集中型、综合型的现代化模式发展，提高管理效率。

　　基于海陆统筹的视野出发完善规划体系，主要需要提出衔接部门间的综合、地方政府间的综合与区域间的综合，海洋环境管理工作涉及环保部门、海洋部门、海事部门、渔业部门等多个相关职能部门，需要协调各个部门之间的工作，划分各个部门的相应责任，避免出现工作交叉重叠、推诿扯皮等问题；各个地区地方政府之间处于一种"合作与自然无关联状态并存"的状态，处理海洋环境问题的过程中很难协调统一采取行动，权责很难界定；海洋环境保护不仅涉及海洋区域，沿海地带的陆地保护也同样重要，这两个区域之间的管理存在一定的矛盾，需要综合协调。首先，要以海陆统筹作为海洋污染防治综合规划的指导思想，坚持海陆统一规划，实施陆、岸、海生态环境综合治理。海洋污染大部分都来自陆地，陆地污染问题会影响海洋环境，海洋污染防治不能单单治标，更要从源头防治把好污染源的入口关，做到海陆联动。其次，以流域为单位进行综合规划管理，并与行政区域相融合。海洋流域广阔，涉及多个行政区域，打破单纯的行政区域界线，建立海洋区域与行政区相结合的方式开展污染防治规划体系，通过统筹协调流域内不同行政区域地方政府及部门的权力，明确划分自上而下的规划体系的权责，开展本流域环境污染防治工作。国家级别的海洋环境规划旨在宏观角度统筹部署海洋生态环境保护发展方向、举措及路径，地区及区域规划更多关注该片区具体海洋环境现状，有的放矢地提出保护措施及发展路径。采取该海洋流域与行政区划相结合的规划体系，能够使得海洋污染防治工作更加落到实处、更具有经济性。规划设置区域综合管理机构作为中央职权的代表，协调各地方政府及部门，承担区域内海洋环境管理工作，使各有关单位及地方紧密配合、自上而下有机结合，更好地进行海洋生态环境保护工作。

第二节　海陆一体的环境监测体系

　　环境监测主要是利用卫星、船舶、岸基站、浮标、雷达等技术手段，对海洋水文要素监测、化学暴露和度量生物学反应等进行监测，是认知海洋环境现状、保护海洋环境和推动海洋经济绿色可持续发展的重要技术支撑。海洋环境监测是通过常规性监测、污染事故监测、调查性监测、研究性监测等方式①，实时掌握海洋环境现状，了解海洋环境变化规律，并及时发现海洋污染情况，通过科学的分析方法提出合理的解决方案，促进海洋环境防治与管理工作的发展。我国目前已实现了多种监测手段的调度和控制，采取立体化的综合监测体系，检测项目不断细化发展，监测海域也不断扩大，但目前基于海陆统筹的海陆一体化监测体系还尚未成熟，监测标准化网络化体系还未建立。在我国"十三五"规划中，将陆海统筹上升为国家战略，因此，以坚持陆海统筹为基础的海洋监测体系是未来海洋环境保护的有效途径，提高监测管理水平、促进海洋保护工作发展的必要手段。

构建海陆一体的环境监测体系，一是建立监测管理合作机制，协调开展工作。陆上环境监测与海洋环境监测涉及不同的部门、不同的设备、不同的指标等问题，要推进陆海全方位立体化实时监测网络体系，就必须协调各方力量，不断提高环境监测质量与效率。对跨区域、跨部门的海陆环境监测管理，需要成立一个专门机构发挥协调功能，深化联动机制，保证监测管理工作的统一性、规范性和系统性。开展监测工作，并制定相关的规章制度，规范监测行为，建立良好的监测秩序。二是完善监测数据资料管理和共享机制，规范监测标准。充分利用已知环境监测数据，合理提升数据的利用效率，进一步提高海陆环境监测服务能力。制定统一的检测规范，所有环境监测所涉及的机构、站点、标准都应符合规范。构建海陆环境监测数据云平台，对监测数据进行保密等级确定，对于可以公开的数据在云平台上进行公开，使得不同部门、专业机构甚至普通民众都能得到自己权限范围内的相关数据，通过社会各方对海洋

---

① 马春生，潘红，周洪英等. 发展海洋环境监测的意义和作用 [J]. 科技创新导报，2010 (2)：123 – 124.

环境大数据的深度挖掘，实现海洋环境保护工作的科学化与普遍化。三是要推进海陆一体监测技术的创新与发展。大力发展基于卫星、无人机等先进技术的海陆环境监测系统，建立全球化环境监测网络，实现海陆空全方位立体化实时监测，以获取海陆环境有效、连续监测数据。提升相关各行业科技创新水平，通过与院校、研究所、高新企业等的有效合作，梳理海洋检测技术核心，构建高效稳定的海洋监测系统与有竞争力的人才梯队，不断加强海洋监测能力。

第三节　综合性陆海生态补偿机制

生态补偿是指以保护和可持续利用生态系统服务为目的，以经济手段为主调节相关者利益关系，促进补偿活动、调动生态保护积极性的各种规则、激励和协调的制度安排。因此，海洋生态补偿是针对经济活动造成的海洋生态环境破坏问题而进行的一系列补偿、治理等活动，实现海洋可持续发展的一种制度体系。随着人类对海洋资源的不断开发利用，海洋环境也随之遭到了破坏，反之，海洋生态系统的恶化也会导致海洋资源的匮乏，形成恶性循环。在海洋资源开发利用的过程中，由于缺乏相应的制度保障，使得某些相关利益者无节制地对海洋生态环境进行一定程度的破坏，海洋生态补偿措施一方面能够在一定程度上对以及破坏的环境进行修复，另一方面对生态保护行为进行一定的补偿，激励海洋环境保护行为，对海洋生态系统保护具有重要意义。

我国目前尚未出台完善的海洋生态补偿机制，只是在某些领域制定了相关政策和规定，目前海洋生态补偿工作以海洋渔业为主，主要包括人工渔业养殖、对渔民进行补助等方面，例如广东、山东等省投资建设人工鱼礁，国家拨专项资金实施渔船报废制度，出台补偿政策对转产转业的渔民进行一定的经济补偿，规定伏季休渔期保护渔业资源，等等。虽然在海洋渔业资源可持续发展方面做出了重要的探索与实践，但我国海洋生态补偿方面还是处于初级阶段，存在标准界定不明确、方式单一等问题，缺乏系统科学的综合生态补偿制度体系。另外，现有补偿机制只将关注点放在海洋资源这一块，并没有统筹考虑陆海环境现实基础及治理对策。

建立综合性陆海生态补偿机制，需要着眼于以下四个方面：一是强调政策法律指引，明晰海陆生态损失及补偿依据。以现行法律作为基础，把推动社会效益、经济效益和环境效益的可持续发展作为立法的前提条件，明确陆海生态补偿标准，统筹考虑陆海生态环境，建立完善规范的陆海生态补偿法律机制。陆海生态补偿标准的界定可以分为产权界定、补偿方式、核算指标等方面，需要提供科学完善的依据，将陆海生态补偿法律法规作为生态环境保护重要的部分。二是完善陆海生态补偿监管机制。建立健全陆海生态补偿政府管理机制，落实生态补偿工作中的责任制度，理顺各部门、各区域之间的职责分工，强化部门协同合作。建立专门机构和生态补偿评估机制对生态补偿工作情况进行监管，监督评价陆海生态补偿运行过程中各环节实施情况，以及加强海洋生态环境保护工作。对政府陆海生态补偿工作实行考评机制，不以单纯经济增长作为评价政府绩效的有效标准，将环境保护情况也纳入国民经济核算体系，陆海生态补偿作为海洋环境保护的重要举措，要作为重要指标纳入核算体系，对沿海地区进行考核和评估。三是建立多元化融资渠道。单一的靠政府财政专项资金作为生态补偿的资金来源，远远不能满足陆海生态补偿工作开展，需要从不同方面拓展融资渠道，支持生态补偿的顺利进行。其中，加大对生态补偿的财政转移支付力度、根据企业环保情况征收生态补偿税，对生态补偿保护企业进行税收优惠、设立专项环保基金、发放生态补偿政策贷款等都能作为陆海生态补偿的资金来源。随着生态市场的进一步开放，陆海生态补偿资金将进一步拓展，积极调动市场资源的进入，将丰富陆海生态补偿资金渠道，促进海陆环境治理进度。四是提高公众生态保护意识。充分发挥社会力量，鼓励公众参与到海陆环境保护与建设中去，形成政府、企业、社会和民众共同参与，合作共治的良好局面。转变传统生态保护观念，大力培育全民治理的良好环境与参与意识，落实民众参与海陆生态补偿公众制度，对民众赋予环境保护工作监督权、知情权与参与权，全力推动全民参与的进程，使陆海生态补偿工作在政府及社会各界的努力下高效进行。

第四节　针对跨界污染的海岸带综合管理法律制度

海岸带是海洋系统与陆地系统相连接、相互作用的区域，既具有海洋的环境特征，同时还承载着高强度的社会生产活动，受到人类经济活动的影响与制约，其生态系具有复合性、边缘性和活跃性的特征，在全球海洋环境保护与海洋经济发展中都具有特殊的地位。一方面，海岸带的环境与资源能够提供给人类居住、旅游和海洋资源等机会；另一方面，人类经济社会活动能够影响海岸带的环境和资源，从而作用到人类生活中。

随着城市化进程的不断加快，工业、农业、海洋渔业的快速发展，以及外来物种入侵情况恶化，海岸带首当其冲受到影响，造成海岸带的海涂湿地不断减少，沿海海区水质不断恶化，海洋渔业资源下降等一系列问题。因此，保护海岸带生态环境系统，因地制宜制定相关海岸带生态功能保障对策对认识海岸带、保护海洋生态环境具有重要的作用。以保护和改善海洋环境、控制陆上工程项目及海洋倾废等污染损害、维护海洋生态平衡为目标的海岸带管理制度，对海洋环境保护工作意义重大。法律制度作为国家认可的强制控制手段，在海岸带管理体系中，能够制裁违法行为，将环境保护目标在实践中落实，维护国家及个人环境权益。

党的十一届三中全会提出制定海岸带管理法，之后便加快海岸带综合法律法规建设步伐，到 1985 年提出《海岸带管理条例（送审稿）》，但最终因为各相关部门之间难以达成共识，该法律被暂时搁置。在尚未形成统一立法规定及未设立专门部门管理的情况下，各沿海省市面临着海岸带管理的迫切需要，针对该地区现实情况做出过一些尝试。例如，1985年江苏省人大通过《江苏省海岸带管理条例》，但目前已废止，1999年青岛市修正出台《青岛市海岸带规划管理规定》等。目前海岸带管理法律框架已初步建立，但还未形成一部国家性质的海岸带综合管理法律，滞后于可持续发展海岸带建设的需要。

建立海岸带综合管理法律制度体系，第一，明确海岸带划分范围，对海岸带概念进行统一界定。对我国海岸带管理研究的实践来看，没有科学统一的海岸带划分边界是立法工作未能完成的重要原因之一。因此，我国亟须适应地区发展需要的、又能够综合考虑地方社会经济、环境需要的边界划分。海岸带的定义可以分为广义概念和狭义概念，广义的海岸带是从国家整体视角出发进行定义，狭义概念则从沿海地带具体界定。第二，设置海岸带综合管理机构。设置一个新的机构，或者在已有的政府单位中下设一个部门来统一管理海岸带相关工作，该部门负责全面统筹国家海岸带相关立法、日常管理工作，并协调各利益相关方及沿海区域海岸带环境保护工作。第三，制定出台国家海岸带综合管理制度。海岸带综合管理法律中应该涉及海岸带环境监测制度、海岸带环境保护政策、涉海工程制度等相关内容。其中，近岸海洋污染物作为海洋污染物的主要来源，陆地污染源治理问题应该作为制度法律重要部分，要对工业废水排放以及污水排放问题明确规定处罚办法。海岸带法律制度要与其他制度法律相协调，对于部分地区还应制定有针对性的具体法律制度，并将海岸带管理规定纳入各地方政府考核的指标中。第四，提升公众参与海岸带环境保护工作参与度。公众要有海岸带环境保护制度及相关信息知晓权，并有部分工作的决策权，或成立公众代表委员会对海洋政策的制定提供建议、参与部分保护工作对政府工作进行监督。不断从立法、制度方面寻求办法以提升公众参与度，形成全民治海的良好局面。

第五节　可持续背景下海岸带生态功能保障对策

目前海岸带生态环境面临的主要问题有水域、陆域与空气污染三个方面，水域问题有近岸水域污染、渔业资源衰竭、近岸沉积物污染、赤潮等，导致海水富营养化，渔业资源不断减少等现象；陆域环境问题有生活及工业污水排放过量、水土流失、植被减少、滨海湿地被占用等；空气污染主要表现在工厂排放的有害气体、汽车尾气及其他形式的气体排放和扬尘等对空气造成污染，随着雨雪降落，从而危害海岸带生态环境。造成海岸带生态环境问题的原因有海岸带环境规划缺少整体规划、协调管理机制不健全、治理资金投入不足、监督机制不足，等等。

保障海岸带生态功能，要以科学发展观和可持续发展战略为指导思想，规划海岸带生态环境发展战略。可持续发展的基本条件是人口和资源，提高人口质量、高效利用资源，真正实现经济发展与陆海生态环境协调发展。在积极治理陆海环境污染的同时加强环境的保护，保护现有资源、治理已污染资源，做到治理与保护并重。第一，统筹海陆生态，加强顶层设计。因地制宜，沿海地方政府联合各有关职能部门对当地海岸带生态环境进行深入调查，充分摸清管辖范围内的海域与陆域环境现实情况，据此制定出科学高效的陆海统筹视角下的海岸带生态发展规划，并以此规划为指南，进行海岸带生态整治。第二，控制陆源污染，调整近海产业结构与产业布局。结合国家、省市重大战略布局，加快沿海地区产业创新转型和绿色发展，提高涉海项目环境准入门槛，严格把控企业环保资质与排污情况，逐步减少陆源污染排放，治理非法排污企业。从防治海岸工程建设损害、海岸带排污处理、滩涂废物倾倒等方面入手，来治理陆域环境损害。第三，减少海洋污染，合理利用海洋资源。严格油田开发审批条件，做好日常管控工作，提高重大海洋污损事故应急处理能力，防止海洋石油勘探开发对海洋环境的污染；严格贯彻落实船舶防污工作责任，加强船舶油污染防控工作，淘汰老旧船只，防止船舶对海洋水域的污染；实行休渔制度，加大休渔期的执法力度与惩罚力度，保护海洋渔业资源。重视深远海资源开发，加大投入研发使用远海资源开发装备，积极推动远洋装备建设，实施远海开发工程，进行远洋捕捞、深海油气资源勘探开发、深海基因资源开发工程，进一步提高海洋资源的开发使用能力。第四，发展循环经济，提倡海洋绿色生产。加强海岸带生态科学技术创新研究，并加快成果转化速度，加强先进技术交流和推广。完善政府补贴，设立专项基金进行海洋循环经济补贴，通过资金鼓励的方式引导相关方进行科技开发和环境保护，促进海洋绿色经济发展。大力发展海洋新兴产业，加大海洋可再生能源利用、海洋高端装备、海洋新材料、海洋新能源、海洋服务业等产业扶持力度，推广海洋绿色经济示范区建设工作，引导海洋产业高质量、绿色安全化发展。

第九章 可持续背景下海岸带经济协调发展对策

第一节　区域引领的海洋经济发展示范区建设

一、海洋经济发展示范区的建设意义

（一）海洋经济发展示范区建设的意义

我国海洋环境问题的根源是人类活动将经济效应凌驾于环境功能之上，因此若转变海洋经济发展思路，解决好经济发展与环境保护之间的关系，海洋经济发展示范区应运而生，海洋经济发展示范区的建设由来已久，最早于 2016 年 3 月，在国务院发布的《国民经济和社会发展第十三个五年规划纲要》中就有所提及。而在 12 月，国家发改委和原国家海洋局又联合发布《关于促进海洋经济发展示范区建设发展的指导意见》，提出在"十三五"时期，要在全国范围内遴选出 10～20 个有条件的地区建设示范区，在此背景下，沿海各地区积极投身于示范区申报和培育工作，最终山东的威海、日照，江苏的连云港，天津的临港等 10 个市与 4 个产业园区脱颖而出，被确定为首批国家级海洋经济发展示范区。值得注意的是，此次成立的示范区包含了市级和园区级两类载体，更加贴合

建设实际。

海洋经济示范区作为统筹海洋经济与海洋环境的示范载体，其建设意义巨大：一是通过搭建能够容纳海洋产业和要素集聚的平台，实现资源与产业整合的规模效应，提高海洋经济的发展效率与竞争力；二是通过政策引导，先行先试培育新兴产业发展所需的各项前沿技术，并通过高端资源集聚提升现代海洋服务业等新兴海洋产业的比率，推进在海洋领域供给侧改革方面先行先试，引领海洋经济结构提升；三是通过整合上下游产业服务能力，延伸创新、金融、服务等在产业合作中的参与能力，以此推动创新链、产业链、资金链和政策链"四链融合"，实现资源更有效配置于各个生产环节，从而带动整体海洋经济的抗风险能力和对海洋资源环境的可持续开发能力。

（二）海洋经济发展示范区建设的特色

我国现有 14 个海洋经济发展示范区特色鲜明且任务突出，其根本任务均是在坚持质量第一、效益优先的基础上推动海洋经济高质量发展与海洋环境高质量保护，主要原则为坚持陆海统筹，立足比较优势、突出区域特点、明确发展方向、发挥引领作用。

在建设过程中，海洋经济发展示范区肩负着一系列规范和任务：深入实施创新驱动发展战略；通过创新体制机制，最大限度调动、引导和整合各生产部门的积极性、主动性和创造性，尽快形成一系列在全国范围内可复制与可推广的经验；突出对各类风险防范意识，坚持守好政府财政能力与投资能力等硬性约束，结合自身实际和特点合理调整目标和任务；坚决守卫海洋环境保护地线，坚持海洋生态保护毫不动摇，通过制定开发和保护并重的措施，实现蓝色经济健康发展；更加合理有效的开发海洋资源，除国家重大战略项目外，对于围填海活动实施严格控制，全面停止新增围填海项目审批，坚持保护与修复并举，通过建立滨海湿地和海岛保护的生态保护区，实现海洋生态环境功能逐步提升，构建蓝色生态屏障。

由于各地区在海洋经济与海洋环境间的矛盾不尽相同，因此在海洋经济发展示范区遴选和建设过程中，充分考虑了发展现状和特色，并赋予14个海洋经济发展示范区不同的发展任务。

（1）山东威海海洋经济发展示范区的建设重点是发展远洋渔业和海洋牧场，实现对传统海洋渔业的转型升级，以及探索传统产业与海洋医药和生物制品业等新兴产业的融合集聚发展模式创新。

（2）山东日照海洋经济发展示范区的建设重点是推进国际物流与航运服务的创新发展，并在海洋生态文明建设方面提供示范效应。

（3）江苏连云港重点是推动国际海陆物流一体化深度合作的创新，并提高蓝色海湾综合整治能力。

（4）江苏盐城重点是创新滩涂与海洋资源综合利用的新模式，探索改革海洋生态保护管理中的协调机制。

（5）浙江宁波重点是探索优化海洋资源要素的市场化配置机制，推动海洋科技研发的产业化模式，实现海洋产业绿色化发展。

（6）浙江温州重点是探索民营经济参与海洋经济发展改革创新，深化海峡两岸海洋经济合作。

（7）福建福州是探索海产品跨境交易模式，开展涉海金融服务模式创新。

（8）福建厦门是推动海洋新兴产业链延伸和产业发展配套能力提升，创新海洋生态环境治理与保护管理模式。

（9）广东深圳是加大海洋科技创新力度，引领海洋高技术产业和服务业发展。

（10）广西北海是创新海洋特色全域旅游发展模式，开展海洋生态文明建设示范。

（11）天津临港是发展海水淡化与综合利用技术，推动海水淡化产业规模化应用创新示范。

（12）上海崇明是开展海工装备产业发展模式创新，探索海洋经济投融资体制改革。

（13）广东湛江是创新临港钢铁和临港石化循环经济发展模式，探索产学研用一体化体制机制创新。

（14）海南陵水是开展海洋旅游业国际化高端化发展示范，探索"海洋旅游＋"产业融合发展模式创新。

二、浙江省海洋经济发展示范区建设

在 14 个海洋经济发展示范区批复之前，各地已经结合自身实际纷纷制定了相应的建设路径，如山东半岛蓝色经济区、浙江海洋经济发展示范区、广东海洋经济综合试验区等，虽然在具体做法和建设目标上具有一定差异，但是均是在探索以高质量海洋经济发展来提高对海洋环境的保护和治理能力。

以浙江海洋经济发展示范区为例，国务院早在 2011 年正式批复《浙江海洋经济发展示范区规划》，其包含了浙江沿海的杭州、绍兴、宁波、舟山、台州、温州等城市、沿海的海岛及所有海域，其在资源禀赋、区位条件、产业特色、体制机制和科教能力等方面优势突出，在多年探索中，通过优化海洋经济发展布局、打造现代海洋产业体系、提高海洋科技创新能力、完善沿海基础设施网络、加强海洋生态文明建设、创新海洋综合开发体制，浙江省在海洋经济实力和生态环境质量方面取得了一些亮点。

（一）海洋资源市场化改革取得新进展

通过探索海洋资源产权界定和交易的创新体制，充分激活了资源配置效率，是海域和无居民海岛能够更加高效的参与地区经济发展。通过出台《招标拍卖挂牌出让海域使用权管理办法》，为海域使用权转让和使用提供了政策保障；通过探索设立海洋资源管理中心和港口岸线使用权交易中心，组建新的省海港委和海港集团，提高了政府对于海陆资源的统筹力度，实现了集中力量办大事的制度优越性。

（二）海洋科教研发能力迈上新台阶

重点扩展行业高校的办学空间，提高海洋科教对于资源的优先配置权力，实现科技创新对于海洋产业转型和海洋环境保护的贡献能力，整合专业院校在涉海专业的优势资源，保障舟山群岛等重点示范区对于科研与教育的需求。通过扶持政策和资金倾斜，鼓励涉海高校和科研院所组建与海洋水产、海洋生物医药、海洋化工、海洋装备、远洋航运及能源利用等相关的专业公关团队，掌握新兴产业的技术话语权，以此提升区域海洋经济的竞争优势。

（三）海洋生态文明建设加快新举措

在国家一系列海洋生态文明思想的指引下，建立科学严格的海洋生态保护红线，与陆地生态红线构成完整的国土开发约束体系，落实海洋环境保护问责机制，实现生态环境监测网络全覆盖，在生态功能脆弱和环境问题突出的区域建立国家级海洋自然保护区、特别保护区和水产种质资源保护区。启动建设海岸带生态修复的规划体系，实现经济转型中的生态功能同步提升。

第二节　海洋经济效应与生态效应的综合利用

一、经济效用与生态效用综合利用措施

经济增长固然重要，但是在绿水青山就是金山银山的环境理念下，海洋经济的绿色可持续发展更为重要。因此需要保持海洋系统经济效应和生态效益的协调可持续发展，将其综合利用，从四个方面加以重视，具体如下。

（一） 建立健全综合协调机制，保障海岸带经济持续性健康发展

海岸带经济建设涉及产业布局、空间管制等众多领域，是一个复杂的系统工程，协调较困难。因此需要打破条块分割，消除体制障碍和产业壁垒，建立具有权威性的综合协调机制，统筹规划，搞好各大战略工程间的协调，激活各种生产力要素，显著提高资源配置水平和宏观调控能力。英国的海岸带综合治理就是成立了一个跨部门的海岸带区域发展协调机构，使海岸带治理工作有了明显进步。因此我们必须建立强有力的协调机制，综合协调海岸带可持续发展政策和措施。

（二） 培植高新技术产业，让经济高质量增长

高新产业在海岸带经济系统中的比重迅速增加，推动产业结构升级的作用日益扩大。我们需要大力发展高新产业，促使传统产业转型升级，使得产业结构优化，提升经济高质量发展，企业将资金投入新能源、新材料、清洁技术与节能环保等高新技术领域，减少污染排放，实现海岸带区域经济的可持续发展。

（三） 利用区域优势，引进外资的同时企业"走出去"

海岸带区域由于其特有的区域优势，能吸引大量的海外企业对其进行投资，通过外资企业带来的先进技术，提高企业创新。同时我国企业还可以通过"走出去"，将过剩产能转移出去，缓解海岸带的生态压力，实现海岸带经济的协调可持续发展。

（四） 进一步树立海岸带发展保护新理念

打破陆海经济分割的传统观念，树立陆海经济一体化统筹发展新观念，突破地域分割行政行业壁垒的诸侯经济狭隘意识，树立发展市场化的区域合作经济新理念。需要把发展与保护结合起来，增强机遇意识的

同时不忘危机意识，让每个企业承担环境责任，通过经济、法律等手段，让企业在获得经济效应的同时，对环境进行保护，承担社会责任，形成具有中国特色的海岸带循环经济发展模式。

二、责权明晰的生态经济考核体系

海洋经济效应与生态效应的综合利用的最根本途径是转变以往过于突出资源环境的经济效应，将陆海系统的经济生产责任凌驾于环境保护职责之上，从这点来讲不管是中央政府的考核还是地方政府的竞争学习，都应该建立一套更加科学有效的，从制度角度将经济与环境职责纳入地方经济评价中，提高海洋经济的生态化水平。

（一）生态经济考核体系的构建原则

1. 科学性

生态经济考核体系作为一个整体，是建立在科学的基础之上，考核体系科学性的前提是评价指标选择的科学性，即选取的指标必须依照科学的划分依据，概念准确，能够充分反映区域生态经济发展内涵，测算方法精准得当。

2. 代表性

制约生态经济发展水平的影响因素众多，利用单一指标进行评价并不准确，试图用所有指标进行评价又不现实。因此在众多影响因素中应该选取最有代表性的组合，力求最大化的考核地区生态经济发展。

3. 可操作性

为更加有效的考核区域生态经济发展水平，指标体系选取的指标数据采集应较为方便合理，有利于生产和管理部门的掌握和操作。定性指标则很难获取相应数据，且操作复杂。定量指标可通过数据对经济效益进行客观评价，因此一般选用定量数据。

（二）生态经济考核体系的指标构建

准确的生态经济考核体系的指标构建是构建责权明晰的生态经济考核体系的首要前提。根据区域生态经济发展的共性和特性、社会经济发展情况、地区生态环境并结合生态发展理论，构建准确合理的评价指标，有利于更好地考核生态经济发展情况，分析制约地区生态经济发展的影响因素，解决地区生态经济发展问题，促进区域生态和经济效益协同发展。

制约生态经济发展水平的影响因素众多，本书将各指标划分为经济发展、生态环境、社会人文三个维度，建立如表9-1的生态经济考核体系。

表9-1　　　　　　　　　　生态经济考核体系具体指标

主要指标	准则层	具体指标
生态环境	资源利用	单位 GDP 能源消耗
		单位 GDP 水资源消耗
		单位 GDP 土地消耗
	环境保护	环保建设投资
		工业三废处理投资
		垃圾无害化处理投资
经济发展	经济发展水平	区域 GDP
		区域财政收入
		国家财政补贴
	经济发展结构	生态产业产值占比
		绿色 GDP 占比
社会人文	生活水平	城镇人口比重
		居民就业率
		社会保障覆盖率
		居民消费价格指数
	教育水平	科教经费 GDP 占比
		高等教育人口占比

1. 生态环境

资源和环境情况是刻画地区生态环境的基础。资源是社会发展的物质基础，而环境则制约着地区的可持续发展情况。本书从资源利用和环境保护两个角度测度了地区的生态环境建设水平。具体而言，资源利用包括了单位 GDP 的能源消耗、水资源消耗及土地消耗。而环境保护则包括环保建设投资、工业三废处理投资以及垃圾无害化处理投资。

2. 经济发展

区域经济发展水平不仅关系到区域生态环境的破坏程度和污染的类型，而且决定了区域治理和改善生态环境的能力。虽然经济类评价体系比较复杂，包含水平、结构和效益等多维度指标，但是，从环境与经济两大系统的拮抗关系考量，基础水平指标和内部结构两类核心指标更能体现区域经济在投入产出方面对环境的干扰。因此，分别选取发展水平和经济结构两类指标来测度地区经济的生态化状况。

绿色 GDP 是评价环境经济系统经济功能与环境功能的综合指标，是在传统 GDP 核算基础上融入了资源和环境质量的因素。在具体计算上，是在 GDP 中排除因为环境污染、自然资源衰退、教育不力、人口发展失衡、管理不善等因素引发的经济损失成本，即将传统经济行为中所支付的资源消耗成本和环境功能降低成本从 GDP 数值中筛除。用以表示区域经济增长中的纯正向效益。

3. 社会人文

除了生态环境和经济发展外，社会环境同样发挥了对于生态经济发展的支撑作用。社会人文环境的提升不但丰富了居民的精神文明生活，也能在社会中形成资源节约、环境保护的公众意识。对于社会人文环境的考察本文主要从居民基本生活情况和教育水平两方面测度，具体包括城镇人口比重、居民就业率、社会保障覆盖率、居民消费价格指数和科教经费 GDP 占比、高等教育人口占比。

（三）生态经济考核体系的评价方法

对于评价方法许多环境科学工作者已经做过大量研究，取得一些有价值的科研成果，并在实际操作中得到广泛应用。常用的评价方法有综合指数法、模糊综合评价法、层次分析法。

综合指数法通过降维，将量级不同的各单项指标综合成能够反映个体状态的相同量纲指标，便于将各项经济效益指标综合起来，以综合经济效益指数为企业间或区域间综合经济效益评比排序的依据。各项指标的权数由其反映状态的重要程度决定，体现出各独立指标在综合指数中的贡献能力。综合指数法的基本原则是利用层次分析法等得出的权重与模糊评判法等取得的得分进行权重相加，最后计算出经济效益指标的综合评价指数。综合指数法方法简单、经济意义清晰、容易理解，但指标要注意使用同向指标，如不同向，必须做好同向处理。

模糊综合评价法是以模糊数学为基础衍生的综合评价方法，主要是以模糊数学的隶属度理论为支撑把一些定性状态的主体进行定量评价，即使用模糊数学的优势将受到多重原因影响的主体（包括企业和区域）进行一个总体的评价。它具有结果可比较，评价系统性等特点，能较好地处理难以量化或者界定较为模糊的问题。

层次分析法首先是将一个复杂的多目标决策问题看作一个系统，然后将其系统目标分解为多个可以用指标考量的子目标，其分解层次可以为单层，也可以为多层，通过定量指标将模糊问题进行测算并计算出层次单排序（权数）和总排序，以作为目标（多指标）、多方案优化决策的系统方法。层次分析法将目标问题按照总体目标、各级子目标、评价标准直至具体的备选方案的顺序分解成不同的层次结构，然后通过求解判断矩阵特征向量计算出每一层级中各评价单元对上一层级所属单元的优先权重，最后以加权求和的办法递阶归并各备择方案对总目标的最终权重，算出的最终权重最高的方案即为最优方案。层次分析法比较适用于具有分层交错评价指标的目标系统，并且目标值又无法直观定量评价的决策问题。

另外还有多级灰关联评价方法、多元统计分析方法、主成分分析法，都已逐步完善和成熟。

第三节　依托海域的城市—区域空间治理

随着经济全球化与区域一体化的不断推进，传统上的局限于行政区划、政府主导、各自为政的管控型治理模式的弊端逐渐显现出来，并日益加剧。在海岸带区域下，传统的以行政区划为界的管理模式难以适应公共管理的新实践，我们亟须建立一个整合性、多样性、跨区域的新型空间治理模式，这是适应我国国情的区域治理的必然选择。作为现代城市发展的新型空间组织，依托海域的城市—区域跨越多个行政单元，以规模经济、设施集约和区位优势成为全球最具经济活力的地区，在世界及地区经济、社会发展和政治生活中发挥着主导作用，其空间治理是否得当与海岸线经济协调发展密不可分。本书将从以下两个方面提出对策。

一、行政边界地带跨政区空间治理的对策

传统的"核心—边缘"研究视角下的行政边界地带便随着不断激化的社会冲突与矛盾而获得前所未有的发展机遇，其跨政区协调促使行政区域由鼓励发展走向联合创造。在中国市场化进程推进与国内统一市场的不断形成，生产资料跨区域流动愈加频繁下，行政边界地带起到了桥梁与纽带的作用。

行政边界地带往往沉淀了大量的矛盾和与冲突，其中包括产业结构冲突、地方利益冲突、资源利用和边界环境管理等一系列问题，成为诸多矛盾最集中的区域。为了实现经济协调可持续发展，行政边界多边合作、统筹规划是大势所趋。需要通过跨行政区的规划与协调来解决区域经济一体化中的跨行政区域发展与规划问题。20世纪90年代中期以来广泛开展的经济区规划、都市圈规划等都是跨城市边界的区域联合规划。实行差异化功能定位、实现城市发展扬长避短、明确利益分配格局是跨

争取规划协调成败的关键所在。世界各国的发展趋势，是通过行政联合以协调城市间的利益冲突，解决区域范围内所有城市共同面对的问题。地方政府必须跨越边界，彼此合作，我国的长三角地区、珠三角地区等区域协作组织，在统一的合作框架下建立争端调节机制从而实现区域整体利益最大化，推动了区域整体的经济发展。

二、地方政府治理方式从行政分权到跨域治理的对策

改革开放以来，在行政分权的影响下，我国社会经济发展取得了显著的成绩，但同时也出现了地区之间以邻为壑、地方保护主义盛行以及行政分割等问题，使得地方政府难以独立解决与日俱增的跨政区、跨部门、跨领域的公共事务。这对于区域经济的协调可持续发展是十分不利的。海岸带区域作为我国经济的重要部分，其跨域治理尤为重要。各城市区域建立合作护理的关系有利于经济的健康发展。那么如何推动依托海域的城市区域跨域治理呢？可以从以下四个方面考虑。

第一，政府制度层面的区域整合为经济一体化排除了制度障碍。完备高效的制度体系能够帮助降低系统内各主体间的交易成本。首先，区域合作制度的建立是区域要素自由流动的前提，区域政府间在整合需求拉动下所达成的各项共识，必须要有制度性的规划、备忘、政策来保证，并且需要达成具有约束力的经济合作框架协议，并设立具有约束力的仲裁机构来保障合作中的各项行动。其次，要具有完善的区域利益共享和利益补偿机制。以便于区域内各城市发展不平衡过程中，因区域利益冲突导致的胁迫。

第二，组织层面的区域整合是区域协调发展的保障。推动区域协作性公共管理体制平台的建立，要有完善的组织管理机构和操作机制来保证区域一体化政策措施的有效执行、监督和评估以及政策实施过程中，争端必不可免，其可以解决争端纠纷。即，完善行政契约保障，健全区域内政府合作的监督体制；建立政府间信息资源共享机制；建立更加有

效的城市间对话平台；完善公众参与制度和形式。

　　第三，规划层面需要区域整合。构建依托海域的经济区域，让区域内的城市协调发展，让其优势互补、资源共享，互相带动区域内的发展。如长三角地区、珠三角地区就是海岸带区域经济协调可持续发展的代表。

　　第四，资源层面的整合是可持续发展不可或缺的要求。一个区域内各城市所拥有的资源各不相同，将区域内资源整合起来，使各区域资源互补，提高经济效率，使经济协调可持续发展。设施层面的整合也必不可少。加强跨境跨界地区基础设施合作，建立高铁网络、跨海大桥、航空网络等现代化交通网络，有助于加强区域城市之间的联系，发挥某些城市桥梁与纽带作用，能更快地推进城市—区域的经济发展。

参 考 文 献

[1] 鲍捷，吴殿廷，蔡安宁等．基于地理学视角的"十二五"期间我国海陆统筹方略 [J]．中国软科学，2011 (5)：1-11.

[2] 蔡安宁，李靖，鲍捷等．基于空间视角的陆海统筹战略思考 [J]．世界经济地理，2012，21 (1)：26-34.

[3] 蔡昉，都阳，王美艳．经济发展方式转变与节能减排内在动力 [J]．经济研究，2008 (6)：9.

[4] 蔡悦荫．海域使用金本质及构成研究 [J]．国土资源科技管理，2007 (2)：66.

[5] 曹可．海陆统筹思想的演进及其内涵探讨 [J]．国土与自然资源研究，2012 (5)：50-51.

[6] 曹林．从国外发展看船舶工业向"服务型制造"转变 [J]．船舶物资与市场，2016 (2)：23-27.

[7] 曹志斌．生态经济系统平衡再造的重要手段——生物工程 [J]．宁夏大学学报（自然科学版），1989 (2)：64-68.

[8] 曹忠祥，高国力．我国陆海统筹发展的战略内涵、思路与对策 [J]．中国软科学，2015 (2)：1-12.

[9] 陈春芳，赵刚，陈继红．长三角港口群演化周期问题 [J]．中国航海．2016 (1)：104-109.

[10] 陈彦光．人口与资源预测中 Logistic 模型承载量参数的自回归估计 [J]．自然资源学报，2009，24 (6)：1105-1114.

[11] [美] 德内拉·梅多斯，乔根·兰德斯，丹尼斯·梅多斯．增长的极限 [M]．北京：机械工业出版社，2006.

［12］狄乾斌，韩雨汐．熵视角下的中国海洋生态系统可持续发展能力分析［J］．地理科学，2014（6）：664－671．

［13］董少彧．"陆海统筹"视域下的我国海陆经济共生状态研究［D］，沈阳：辽宁师范大学，2007．

［14］范斐，刘承良，游小珺等．全球港口间集装箱运输贸易网络的时空分异［J］．经济地理，2015（6）：109－115．

［15］范金．可持续发展下的最优经济增长［M］．北京：经济管理出版社，2002：12－14．

［16］方创琳，鲍超．黑河流域—水—生态—经济发展耦合模型及应用［J］．地理学报，2004，59（5）：781－790．

［17］傅海威，曹有挥，蒋自然．浙江省港口后勤企业空间演变过程与格局特征［J］．经济地理，2018（8）：132－140．

［18］傅海威．我国船舶工业区域集聚效率研究［J］．船舶工程，2013（3）：112－115．

［19］高宏宇．社会学视角下的城市空间研究［J］．城市规划学刊，2007（1）：5．

［20］高乐华，高强，史磊．我国海洋生态经济系统协调发展模式研究［J］．生态经济，2014（2）：105－110，130．

［21］高乐华，高强．海洋生态经济系统界定与构成研究［J］．生态经济，2012（2）：62－66．

［22］高乐华，高强．中国沿海地区生态经济系统能值分析及可持续评价［J］．环境污染与防治，2012（8）：86－93．

［23］高强，高乐华．海洋生态经济协调发展研究综述［J］．海洋环境科学，2012（2）：289－294．

［24］高之国．中国海洋发展报告［M］．北京：海洋出版社，2018．

［25］郭嘉良，王洪礼，李怀宇等．海洋生态经济健康评价系统研究［J］．海洋技术，2007（2）：28－30．

［26］郭月婷，徐建刚．基于模糊物元的淮河流域城镇化与生态环境

系统的耦合协调测度 [J]. 应用生态学报，2012 (4)：68-72.

[27] 韩增林，狄乾斌，周乐萍. 陆海统筹的内涵与目标解析 [J]. 海洋经济，2012，2 (1)：10-15.

[28] 韩增林，许旭. 中国海洋经济地域差异及演化过程分析 [J]. 地理研究，2008 (3)：613-622.

[29] 纪玉俊. 资源环境约束、制度创新与海洋产业可持续发展——基于海洋经济管理体制和海洋生态补偿机制的分析 [J]. 中国渔业经济，2014，32 (4)：20-27.

[30] 姜秉国，韩立民. 海洋战略性新兴产业的概念内涵与发展趋势分析 [J]. 太平洋学报，2011，19 (5)：76-82.

[31] 蒋自然，曹有挥，叶士琳. 长江三角洲地区门户功能演化与驱动机理 [J]. 地理科学，2017 (7)：987-996.

[32] 雷内托姆. 结构稳定性与形式发生学 [M]. 成都：四川教育出版社，1992.

[33] 李芳芳，张晓涛，李晓璐. 生产性服务业空间集聚适度性评价——基于北京市主要城区对比研究 [J]. 城市发展研究，2019，20 (11)：119-124.

[34] 李坤厦. 海洋经济，释放蓝色潜力 [J]. 产城，2019 (10)：72-75.

[35] 李莲秀. 郑州"三化"发展下的水环境容量问题研究 [J]. 2014，16 (3)：67-70.

[36] 李涛，刘会. 财政—环境联邦主义与雾霾污染管制—基于固定效应与门槛效应的实证分析 [J]. 现代经济探索，2018 (3)：34-43.

[37] 李宜良，王震. 海洋产业结构优化升级政策研究 [J]. 海洋开发与管理，2009 (6)：86.

[38] 刘大安. 论我国海洋渔业生态经济系统的良性循环 [J]. 农业经济问题，1984 (8)：12-15.

[39] 刘辉，史雅娟，曾春水. 中国船舶产业空间布局与发展战略

[J]．经济地理，2017（8）：99 – 107.

[40] 刘明．影响我国海洋经济可持续发展的重大问题分析 [J]．产业与科技论坛，2010（1）：55 – 60.

[41] 刘晓星，何建敏，王新．我国船舶工业发展战略研究 [J]．船舶工程，2003（4）：1 – 6.

[42] 刘耀彬，李仁东，宋学锋．中国区域城镇化与生态环境耦合的关联分析 [J]．地理学报，2005（2）：237 – 247.

[43] 鹿叔锌，捕捞生．产可持续发展的制约因素与对策研究 [J]．海洋渔业，1998（1）：5 – 7.

[44] 罗芳．长三角港口群协调发展研究 [D]．长春：吉林大学，2012.

[45] 罗能生，王玉泽．财政分权环境规制与区域生态效率——基于动态空间杜宾模型的实证研究 [J]．中国人口、资源与环境，2017（4）：110 – 118.

[46] 马春生，潘红，周洪英，陈文宾，马卫兴，林艳，赵栋．发展海洋环境监测的意义和作用 [J]．科技创新导报，2010（2）：123 – 124.

[47] 马仁锋，徐本安．唐娇等．中国沿海省份船舶工业差异演化研究 [J]．经济问题探索，2015（2）：46 – 49.

[48] 彭星，李斌．不同类型环境规制下中国工业绿色转型问题研究 [J]．财政研究，2016，42（7）：134 – 144.

[49] 祁毓，卢洪友，徐彦坤．中国环境分权体制改革研究：制度变迁、数量测算与效应评估 [J]．中国工业经济，2014（1）：31 – 43.

[50] 申文静，谢学飞，城镇化进程对水环境污染的影响及区域差异分析 [J]．价格工程，2019（20）：287 – 290.

[51] 孙吉亭，赵玉杰．我国海洋经济发展中的海陆统筹机制 [J]．广东社会科学，2011（5）：41 – 47.

[52] 孙康，付敏，刘峻峰．环境规制视角下中国海洋产业转型研究 [J]．资源开发与市场，2018（9）：1290 – 1295.

[53] 谭俊涛，张平宇，李静等．吉林省城镇化与生态环境协调发展

的时空演变特征应用 [J]. 生态学报, 2015 (12): 3827 – 3834.

[54] 谭思明, 闫侃. 全球价值链视角下我国区域造船产业竞争力评价研究 [J]. 工业技术经济, 2011 (5): 24 – 30.

[55] 陶永宏, 冯俊文. 基于产业集聚的中国船舶工业发展思考 [J]. 船舶工程, 2005 (5): 63 – 66.

[56] 王芳. 对海陆统筹发展的认识和思考 [J]. 中国发展, 2012 (3): 33 – 35.

[57] 王娟茹, 张渝. 环境规制、绿色技术创新意愿与绿色技术创新行为 [J]. 科学学研究, 2018 (2): 352 – 360.

[58] 王衍, 王鹏, 索安宁. 土地资源储备制度对海域资源管理的启示 [J]. 海洋开发与管理, 2014 (7): 25 – 29.

[59] 王泽宇, 崔正丹, 孙才志等. 中国海洋经济转型成效时空格局演变研究 [J]. 地理研究, 2015 (12): 2295 – 2308.

[60] 王泽宇, 孙然, 韩增林. 我国沿海地区海洋产业结构优化水平综合评价 [J]. 海洋开发与管理, 2014 (2): 99 – 106.

[61] 王子龙, 谭清美, 许箫迪. 企业集群共生演化模型及实证研究 [J]. 中国管理科学, 2006 (2): 141 – 148.

[62] 吴飞驰. 关于共生理念的思考 [J]. 哲学动态, 2000 (6): 22 – 25.

[63] 吴桥, 陈琼. 长三角港口体系主要货类结构时空演变分析 [J]. 经济地理, 2015 (3): 108 – 114.

[64] 吴勇民, 纪玉山, 吕永刚. 金融产业与高新技术产业的共生演化研究 – 来自中国的经验证据 [J]. 经济学家, 2014 (7): 92 – 92.

[65] 伍格致, 游达明. 财政分权视角下环境规制对技术引进的影响机制 [J]. 经济地理, 2018 (8): 37 – 46.

[66] 徐质斌. 海洋国土论 [M]. 北京: 人民出版社, 2008.

[67] 徐质斌. 海洋经济与海洋经济科学 [J]. 海洋科学, 1995 (2): 21 – 23.

［68］杨玲丽. 共生理论在社会科学领域的应用［J］. 哲学动态，2000（16）：149 -157.

［69］杨荫凯. 陆海统筹发展的理论、实践与对策［J］. 区域经济评论，2013（5）：31 -34.

［70］姚菊芬. 海域使用权市场化经营的法律问题探讨［J］. 特区经济，2007（6）：234 -236.

［71］叶向东. 海陆统筹发展战略研究［J］. 海洋开发与管理，2008（8）：33 -36.

［72］袁纯清. 共生理论——兼论小型经济［M］. 北京：经济科学出版社，1998.

［73］原毅军，谢荣辉. 环境规制的产业结构调整效应研究——基于中国省级面板数据的实证检验［J］. 中国工业经济，2014（8）：57 -69.

［74］张华."绿色悖论"之谜：地方政府竞争视角的解读［J］. 财经研究，2014（12）：114 -127.

［75］张梦天，王成金，王成龙. 上海港港区与功能演变及动力机制［J］. 地理研究，2016（9）：1767 -1782.

［76］张文彬，张理芃，张可云. 中国环境规制强度省级竞争形态及其演变——基于两区制空间 Durbin 固定效应模型的分析［J］. 管理世界，2010（12）：34 -44.

［77］赵红，陈绍愿，陈荣秋等. 生态智慧型企业共生体行为方式及其共生经济效益［J］. 中国管理科学，2004，12（6）：130 -136.

［78］赵占坤，郭春雷，耿兴隆. 蚁群和粒子群优化融合算法在船舶网络资源调度中的应用［J］. 舰船科学技术，2016，38（10A）：46 -48.

［79］仲雯雯，郭佩芳，于宜法. 中国战略性海洋新兴产业的发展对策探讨［J］. 中国人口资源与环境，2011（9）：163 -167.

［80］朱海强，贡璐，赵晶晶等. 丝绸之路经济带核心区城镇化与生态环境耦合关系研究进展［J］. 生态学报，2019（9）：5149 -5156.

［81］朱军，许志伟. 财政分权、地区间竞争与中国经济波动［J］.

经济研究，2018（1）：21 - 34.

　［82］庄佩君. 集装箱港口竞合战略研究［J］. 中国航海，2005（1）：5.

　［83］Acemoglu D. , Robinson J. A. , Woren D. Why nations fail: the origins of power, prosperity, and poverty［M］. New York: Crown Business, 2012.

　［84］Baird A. J. Rejoinder: extending the lifecycle of container mainports in upstream urban locations［J］. Maritime Policy & Management, 1997（24）：299 - 301.

　［85］Barret S. Strategic environmental policy and international trade［J］. Journal of Public Economics, 1994（3）：325 - 338.

　［86］Bocher M. A theoretical framework for explaining the choice of instruments in environmental policy［J］. Forest policy and economics, 2012（2）：14 - 22.

　［87］Brannstrmo C. Decentralising water management in brazil［J］. The European journal of development research, 2004（1）：214 - 234.

　［88］Braxton C. D. Regional Planning in the US coastal Zone: a Comparative Analysis of 15 Special Area plans［J］: Ocean & Coastal Management, 2004（3）：79 - 94.

　［89］Chertow M. R. "uncovering" industrial symbiosis［J］. Journal of Industrical Ecology, 2007, 11（1）：11 - 30.

　［90］Cicin-Sain B. , S. Belfiore. Linking Marine Protected Areas to Integrated Coastla and Ocean Management: Areview of Theory and Practice［J］. Ocean & Coastal Management, 2005（1）：847 - 868.

　［91］Cole A. , P. John. Local Governance in England and France: Routledge Studies on Governance and Public Policy［M］. London: Routledge, 2001.

　［92］Dahl R. A. Who Governs?: Democracy and Power in an American city［D］. New Haver: Yale University Press, 1961.

　［93］Doloreux D. , Shearmur R. Maritime clusters in diverse regional contexts. The case of Canada [J]. Marine Policy, 2009, 33 (3): 520 – 527.

[94] Ehler C. , F. Douvere. Marine Spatial Planning: A Step-b-step Approach toward Ecosystem-based Management [M]. Paris: UNESCO, 2009.

[95] Fiscal Decentralization, Regional Fiscal Competition and Maccroconomic Fluctuations in China [J]. Economic Research Journal, 2018 (1): 21 – 34.

[96] Frednksson P. G. , Millimet D. L. Strategic interaction and the determination of Environmental Policy across U. S. State [J]. Journal of Urban Economics, 2002 (1): 101 – 122.

[97] Fujita M. Monopolistic competition and urban system [J]. European Economic Review, 1993 (2 – 3): 308 – 315.

[98] Gibbs D. C. Trust and networking in interfirm relations: The case of eco-industrial development [J]. Local Economy, 18 (3): 222 – 236.

[99] Gray Wayne B. The cost of regulation: OSHA, EPA and the productivity slowdown [J]. American Economic Association, 1987 (77): 998 – 1006.

[100] Hawley H. A . Human Ecology: A Theoretical Essay [D]. Chicago: University of Chicago Press, 1986.

[101] Helland E. , Whitford A. B. Pollution incidence and political jurisdiction: evidence from the TRI [J]. Journal of evnironmental economics and management, 2003 (3): 403 – 424.

[102] Jaffe A. , Palmer K. Environmental regulation and innovation: A panel data study [J]. Review of Economics and Statitics, 1997 (4): 610 – 619.

[103] Jalil A. , Feridun M. The impact of growth, energy and financial development on the environment in China: a cointegration analysis [J]. Energy economics, 2011, 33 (2): 284 – 291.

[104] Konisky D. M. , Woods N. D. Environmental policy, federalism,

and the Obama presidency [J]. Publius: the Journal of Federalism, 2016 (3): 366 – 391.

[105] Kunce M. , Shogren J. On Interjurisdictional Competition and Environmental Federalism [J]. Journal of Environmental Economics and Management, 2005 (4): 212 – 224.

[106] Lam J. S. L. , Wei Y. Y. Dynamics of liner shipping network and port connectivity in supply chain systems: analysis on East Asia [J]. Journal of Transport Geography, 2011 (6): 1272 – 1281.

[107] Luo Neng-sheng, Wang Ye-ze. Fiscal decentralization, environmental regulation and regional eco-efficiency: based on the dynamic spatial Durbin model [J]. China Population, Resources and Environment, 2017 (4): 110 – 118.

[108] Marshall A. Pinciple of Economics [M]. London: Macmillan, 1920.

[109] Mcdonald R. I. , Weber K. , Padowskl J. , et al. Water on an urban palnet: Urbanization and the reach of urban water infrastructure [J]. Global Environmental Change, 2014 (1): 96 – 105.

[110] Miklius, Walter W. , Younger. Forecasting the Demand for Services of a New Port [J], Geojournal, 1998 (3): 295 – 300.

[111] Millinet D. Assessing the Empirical Impact of Environmental Federalism [J]. Journal of Regional Science, 2003 (4): 711 – 733.

[112] Murty M. N. , Kumar S. Win-win opportunities and environmental regulation: testing of porter hypothesis for Indian manufacturing industries [J]. Journal of Environmental Management, 2003 (2): 139 – 144.

[113] Notteboom T. E. , Rodrigue J. P. Port regionalization: towards a new phase in port development [J]. Maritime Policy & Management, 2005 (3): 297 – 313.

[114] Oates W. E. An essay on fiscal federalism [J]. Journal of eco-

nomic literature, 1999 (3): 1120 – 1149.

[115] Othman M. , Bruse G. , Hamid S. The strength of Malaysian maritme cluster: the development of maritime policy [J]. Ocean and Coastal Management, 2011, 54 (8): 557 – 564.

[116] Panayotou K. Coastal Management and Climate Change: An Australian Perspective [J]. Journal of Coastal Research, 2009 (1): 742 – 746.

[117] Poter M. E. , van der Linde C. Toward a new conception of the enviroment-competitiveness relationship [J]. Journal of Economic Perspectives, 1995, 9 (4): 97 – 118.

[118] Rodrigue J. P. , Notteboom T. The Terminalization of supply chains: Reassessing the role of terminals in port/hinterland logistical relationships [J]. Maritime Policy&Management: The Flagship Journal of International shipping and Prot Research, 2009 (2): 168 – 183.

[119] Rodriguez I. , Montoya T. , Sanchez M. J. , et al. Geofraphic Information Systems Applied to Integrated Coastal Zone Management [J]. Geomorphology, 2009 (10): 100 – 105.

[120] S. CCharles. Measurement of the Ocean and Coastal Economy. Theory and Methods [J]. Publications, 2004 (2): 18 – 20.

[121] Shadbegian Ronald J. , Gray Wayne B. Pollution abatement expenditures and plant-level productivity: A production function approach [J]. Ecological Economics, 2005 (2 – 3): 196 – 208.

[122] Sigman H. Decentralization and Environmental Quality: An International Analysis of Water Pollution Levels and Variation [J]. Land Economics, 2014 (4): 114 – 130.

[123] Stigler G. Perfect Competition, Historically Contemplated [J]. Journal of Political Economy, 1957 (1): 1 – 17.

[124] Sun Kang, Fu Min, Liu Jun-feng. Research on Transformation of Chinese Marine Industry Under the Perspective of Environmental Regulation

[J]. Resource Development & Market. 2018 (9): 1290 – 1295.

[125] Teffer D. J., Wall G. Strengthening backward economic linkages: local food purchasing by three indonesian hotels [J]. Tourism Geograthies, 2018 (4): 421 – 447.

[126] Testa Francesco. Iraldo Fabio, Frey Marco. The effect of environmental regulation on firms' competitive performance: The case of the building& construction sector in some EU regions [J]. Journal of Environmental Management, 2011 (9): 2136 – 2144.

[127] Tulchinsky T. H., Varavikova E. A. Chapter 10-Organization of Public Health Systems [J]. New Public Health, 2014 (3): 535 – 573.

[128] Varis O., Somlyody L. Global urbanization and urban water: Can sustainability be afforded?[J]. Water Science & Technology, 1997 (9): 21 – 32.

[129] Wenqiang Qian, Xiangyu Cheng, Guoying Lu, et al. Fincal decentralization, local competitions and sustainability of medical insurance funds: evidence from China [J]. Sustainability, 2019 (8): 2437.

[130] Wolf A. T., Krame A., Carus A., et al. Managing water conflict and cooperation [J]. State of the world 2005: redefining global security, 2005: 80 – 95.

[131] Wu Gezhi, You Daming. The influence Mechanism of Environmental Regulation on the Technology Introduction from the Perspective of Fiscal Decentralization [J]. Economic Geography, 2018 (8): 37 – 46.

[132] Yin P. Y., Wang J. Y. Optimal resource allocation for security in reliability systems [J]. European Journal of Operational Research, 2007 (2): 773 – 786.

[133] Yuan Yi-jun, Xie Rong-hui. Research on the Effect of Environmental Regulation to Industrial Restructuring-Empirical Test based on Provincial Panel Data of China [J]. China Industrial Economics, 2014 (8): 57 – 69.